Streifenhörnchen

AUTORIN: ALEXANDRA BEISSWENGER | FOTOGRAF: OLIVER GIEL

Inhalt

4 Typisch Streifenhörnchen

22 Das Kennenlernen

Typisch Streifenhörnchen

Echte Naturburschen, possierlich, bewegungsfroh und immer auf Achse: So lassen sich Streifenhörnchen kurz charakterisieren. Doch aufgepasst: Wer Hörnchen artgerecht halten und sie verstehen will, der muss sich im Vorfeld gut informieren!

Streifenhörnchen kennenlernen

»Es waren einmal zwei amerikanische Backenhörnchen. Ein Männchen, das hieß Ahörnchen, und ein Weibchen, das hieß Behörnchen.«
Mit diesem Satz stellten sich in einem Micky-Maus-Heft von 1952 zwei Streifenhörnchen ihren deutschen Lesern vor. Inzwischen sind die beiden vorwitzigen Nager aus dem Hause Walt Disney weltbekannt geworden. Und bis heute zählen die beiden Chipmunks, die in den USA »Chip« und »Chap« heißen und zu einer nordamerikanischen Streifenhörnchenart gehören, mit zu den beliebtesten Zeichentrickfiguren von Walt Disney.
Sie sehen: Fasziniert haben diese possierlichen Nager den Menschen schon lange. Unter anderem vielleicht deshalb, weil Streifenhörnchen wegen ihres ursprünglichen Verhaltens noch immer zu den »Wildtieren« gehören. Im Gegensatz zu anderen Nagern wie Kaninchen oder Meerschweinchen wurden bisher nur wenige Versuche unternommen, sie durch Zucht zu verändern. Streifenhörnchen werden bei liebevoller Behandlung und in artgerechter Haltung aber zutraulich und handzahm.

Die Hörnchen-Verwandten

Streifenhörnchen ähneln in ihrem Aussehen stark unseren Eichhörnchen. Allerdings sind sie kleiner im Körperbau und besitzen eine typische Längsstreifung, die von den Flanken bis zum Kopf reicht. Streifenhörnchen zählen zu den Backenhörnchen, sie besitzen also auf beiden Seiten der Mundhöhle Taschen, die bis zum Hinterkopf, teilweise sogar bis zur Schulter reichen. Diese Taschen können mit Futter gefüllt werden. Auf diese Weise sind die Nager in der Lage, die von ihnen aufgesammelte Nahrung in ein sicheres Versteck zu bringen sowie Futtervorräte anzulegen.

Welt der Streifenhörnchen

Innerhalb der großen Familie der Hörnchen *(Sciuridae)* werden die sogenannten Erd- und Baumhörnchen unterschieden. Die bei uns einheimischen Eichhörnchen sind typische Baumhörnchen – schließlich leben sie ja auch bevorzugt im Wald. Diese gewandten Kletterer sind nur sehr selten auf dem Boden anzutreffen. Typischer Vertreter eines Erdhörnchens ist beispielsweise das Murmeltier. Obwohl Streifenhörnchen geschickte Kletterer sind und in großen Sprüngen über den Boden hüpfen können, werden sie interessanterweise zu den Erdhörnchen und nicht zu den Baumhörnchen gerechnet. Der Grund für diese Art der Einteilung? Die Hörnchen werden nicht danach in die Systematik eingeordnet, an welchen Plätzen sie sich gerne aufhalten. Ausschlaggebend ist, wo sie unter natürlichen Umständen ihre Nester bauen.

Streifenhörnchen werden zwar systematisch den Erdhörnchen zugeordnet, sie sind aber äußerst geschickte Klettertiere.

Echte Weltbürger

Die ursprüngliche Heimat des Streifenhörnchens ist Asien. Von dort aus haben sich die flinken Nager über Afrika, Europa sowie Amerika verbreitet. Die Gattung der Streifenhörnchen wird in drei Untergattungen gegliedert.

› Im Zoofachhandel für die Heimtierhaltung angebotene Tiere gehören in der Regel zu den Asiatischen Streifenhörnchen *(Tamias sibiricus)*, die auch *Burunduk* genannt werden. Sie bewohnen nord- und ostasiatische Nadel- und Mischwälder und halten sich dort bevorzugt an Waldrändern und in Flusstälern mit viel Unterholz auf.

› Burunduks sind nah verwandt mit den in Nordamerika lebenden *Chipmunks*, die aber nur selten als Heimtiere gehalten werden. Grundsätzlich gelten die Haltungs- und Fütterungsansprüche des Asiatischen Streifenhörnchens auch für Chipmunks.

› Eine dritte Untergattung der Hörnchen stellt das *Streifen-Backenhörnchen* dar. Dieses im östlichen Nordamerika beheimatete Hörnchen sieht dem Chipmunk sehr ähnlich, weist aber eine etwas unterschiedliche Bezahnung auf.

Übung macht den Meister! Auch Streifenhörnchen-Kinder müssen erst einmal mühsam lernen, auf Bäume zu klettern.

In freier Natur lässt sich das Streifenhörnchen nur dann auf eine kleine Mahlzeit am Waldboden ein, wenn es sich absolut sicher fühlt.

Augen auf beim Kauf!

Aufpassen sollte man bei der Auswahl seines neuen Hausbewohners darauf, nicht aus Versehen ein Palmenhörnchen *(Funambulus palmarum)* zu erwischen. Diese Tiere werden im Zoofachhandel oft unter der Bezeichnung »Indisches Streifenhörnchen« angeboten. Sie sehen zwar den Streifenhörnchen zum Verwechseln ähnlich, sind aber nicht mit diesen verwandt und besitzen völlig andere Ernährungsansprüche.

Das Leben in freier Wildbahn

Streifenhörnchen leben in ihrer natürlichen Umgebung als Einzeltiere in lockeren Kolonien. Jedes Tier besitzt ein eigenes Territorium von bis zu einem Hektar Fläche. Im Zentrum des Reviers befindet sich ein unscheinbarer Erdbau, in dessen näherer Umgebung – außer in der Paarungszeit – kein weiterer Artgenosse geduldet wird. Der typische Bau besteht aus einem Eingangstunnel, der bis zu eineinhalb Meter schräg in die Erde gebuddelt wird. Am Ende der Röhre befindet sich die Schlafkammer. Diese liegt stets etwas höher als der Gang, um das Nistmaterial bei Regen vor Nässe zu schützen. Vom Eingangstunnel zweigen zwei bis drei blind endende Seitenkammern ab, die als Vorrats- oder Kotkammern dienen. Neben den Nahrungsvorräten, die das Hörnchen im Erdbau anlegt, vergräbt es gern Nüsse im Boden – darin ähnelt es dem Eichhörnchen.

Individuelle **Streifung**

GANZ TYPISCH für Streifenhörnchen sind fünf schwarze Längsstreifen, die sich optisch gut von der grau- bis rotbraunen Fellgrundfarbe abheben und sich über den gesamten Rückenbereich ziehen. Dazwischen befinden sich unterschiedlich stark ausgeprägte weiße oder graue Streifen, die das Auseinanderhalten der einzelnen Arten recht schwierig gestaltet.

In menschlicher Umgebung

Streifenhörnchen sind außergewöhnlich interessante Heimtiere. Sie bereichern stets das Leben ihrer Halter, krempeln es durch ihre speziellen Ansprüche aber auch komplett um. Ob sich Ihr Alltag mit den Bedürfnissen eines Streifenhörnchens vereinbaren lässt, sollten Sie sich vor der Anschaffung gut überlegen! Um Ihnen bei der Entscheidung zu helfen, möchte ich die grundlegenden Voraussetzungen aufzeigen, die Sie mitbringen sollten, damit ein Hörnchen sich bei Ihnen wohl fühlt:

› Durch ihren großen Bewegungsdrang ist der tägliche Freilauf Pflicht. Dabei entscheidet das Hörnchen meist selbst, wie lange es im Zimmer herumtoben möchte und wann es wieder in seinen Käfig zurückkehren will. Der Freilauf des Hörnchens sollte immer unter Aufsicht erfolgen, da im Haushalt nicht wenige Gefahren lauern (→ Seite 46). Generell legt sich der tagaktive Nager schon in den ersten abendlichen Dämmerungsstunden zum Schlafen in sein Nest und sollte dann auch nicht mehr gestört wer-

Mensch und Streifenhörnchen sind ein tolles Team, wenn sie erst einmal gelernt haben, die Körpersprache des anderen richtig zu deuten und zu verstehen.

den. Der Freilauf sollte deshalb in die Nachmittagsstunden fallen. Bei Dunkelheit darf der Lärm im Zimmer nicht mehr allzu groß sein, um das Tier nicht im Schlaf zu stören. Wer tagsüber berufstätig ist und erst abends wieder nach Hause kommt, für den ist ein Streifenhörnchen sicherlich nicht das ideale Haustier.

› Ebenso wenig eignet sich ein Streifenhörnchen für eine Einzimmerwohnung. Hörnchen sind nämlich durchaus in der Lage, über längere Zeit sehr schrille Laute von sich zu geben. Zusätzlich ist auch das Herumhüpfen im Käfig mit einem gewissen Lärmpegel verbunden. Geräuschempfindlich darf ein Hörnchenhalter daher nicht sein.

› Im Herbst zeigen selbst zahme Streifenhörnchen oft ein auffallend aggressives Verhalten gegenüber Menschen. Das ist nichts Ungewöhnliches und lässt sich durch ein ihnen angeborenes Verhalten erklären (→ Seite 13). Aus diesem Grund und weil Streifenhörnchen nicht zu den typischen Streicheltieren gehören, halte ich persönlich die Streifenhörnchenhaltung für Kinder unter 16 Jahren sowie für ältere Menschen nicht für ideal. Wie wollen Sie etwa einem jüngeren Kind erklären, dass es sein Tier im Winter kaum zu Gesicht bekommen wird? Viele Streifenhörnchen halten nämlich Winterschlaf (→ Seite 12). Weitere Fragen, die Sie sich vor der Entscheidung für ein Hörnchen stellen sollten:

› Hörnchen benötigen regelmäßige Kost in Form von Insekten. Ekeln Sie sich vor Mehlwürmern, Heimchen oder weiteren Futterinsekten?

› Hörnchen werden bis zu sieben Jahre alt. Können Sie so lange die Verantwortung tragen?

› Ist Ihre ganze Familie einverstanden und besteht bei keinem eine Allergie gegen die Pelztiere?

› Können Sie eine verantwortungsbewusste Betreuung in Ihrer Urlaubszeit garantieren?

So sind Streifenhörnchen

TIPPS VON DER HÖRNCHEN-EXPERTIN
Alexandra Beißwenger

TAGAKTIV Streifenhörnchen sind tagaktive Nager. Die Betonung liegt dabei auf »aktiv«, denn Hörnchen sind ständig in Bewegung. Für Menschen, die ruhige Nachmittage schätzen, ist die Haltung nicht zu empfehlen.

FREILAUF Der tägliche Freilauf und die Beschäftigung mit dem Tier sind in der Streifenhörnchenhaltung das A und O zur Gesunderhaltung der Nager. Haben Sie dafür genügend freie Zeit neben Ihrem Beruf?

SPUREN Beim Freilauf verstreuen Streifenhörnchen schon mal Futterteile, verlieren das eine oder andere Urintröpfchen oder hinterlassen Kotbällchen auf Ihren Möbeln. Können Sie damit leben, dass Ihre Wohnung zukünftig sichtbare Spuren Ihres Haustiers aufweisen wird?

KOSTEN Die Anschaffung eines artgerechten Käfigs ist nicht ganz billig. Eventuell anfallende Tierarztbesuche können ebenfalls schnell beachtliche Kosten verursachen. Sind Sie bereit, schon frühzeitig finanzielle Rücklagen für Ihr neues Haustier zu bilden?

Was Streifenhörnchen brauchen

Sie haben sich nach reiflicher Überlegung zur Streifenhörnchen-Haltung entschlossen. Sicherlich sind Sie schon sehr gespannt auf das Leben mit Ihrem neuen Hausgenossen. Dennoch möchte ich Ihnen ans Herz legen, diesen Ratgeber erst ganz durchzulesen und für Ihren neuen kleinen Freund alles bestens vorzubereiten, ehe Sie ein Tier kaufen. Sie wissen doch: Vorfreude ist immer die schönste Freude.

Ist das Streifenhörnchen ein überzeugter Einzelgänger? Keine Sorge, menschlicher Gesellschaft schließen sich die kleinen Gesellen dennoch gerne an.

Von Natur aus Einzelgänger

Zunächst einmal ist es wichtig zu wissen, dass Streifenhörnchen stets einzeln gehalten werden. Die Nager leben in der Natur zwar in lockeren Verbänden zusammen, würden aber niemals freiwillig ihr Nest oder ihr Nahrungsrevier teilen. Die Haltung mit einem Artgenossen, auch wenn es sich um Wurfgeschwister handelt, würde für Ihr neues Haustier also großen Stress bedeuten. Auf Dauer würde dieses Miteinander auch nicht gut gehen. Allenfalls wenn Sie bereits ein erfahrener Streifenhörnchen-Halter sind sowie über viel Platz und freie Zeit verfügen, können Sie über die Haltung eines zweiten Hörnchens in einer zweiten geräumigen Voliere nachdenken. Aber selbst bei Hörnchen mit jeweils eigenem Käfig (= Revier) ist ein gemeinsamer Auslauf nicht immer möglich. Es kann Ihnen dann passieren, dass täglich beide Hörnchen zu unterschiedlichen Zeiten einen Freilauf benötigen.

Und andere Heimtiere?

Auch anderen Haustieren stehen die quirligen Nager eher skeptisch gegenüber. Während des täglichen Freilaufs sollten die Tiere deshalb nicht mit Hund, Katze oder Papagei näher in Berührung kommen. Die Verletzungsgefahr ist einfach zu groß. Mit Meerschweinchen oder Kaninchen haben Streifenhörnchen aber in der Regel kein Problem und beschnuppern diese neugierig.

Friedlich wird der Fremdling beschnuppert, eine Freundschaft zwischen den unterschiedlichen Arten wird sich trotzdem nicht einstellen.

Die **richtige Wahl** treffen

GESCHLECHT Für welches Geschlecht Sie sich entscheiden, ist in Bezug auf Haltung und Verhalten vollkommen egal. Eine Geschlechtsbestimmung ist außerhalb der Paarungszeit nur durch einen Blick auf die Unterseite des Bauches möglich. Eine sichere Aussage über das Geschlecht kann allerdings nur ein sehr erfahrener Hörnchenhalter machen.

ALTER Streifenhörnchenkinder dürfen frühestens acht Wochen nach der Geburt von der Mutter getrennt werden. Bei erwachsenen Hörnchen ist eine Altersbestimmung leider kaum möglich. Nur etwas ältere und betagte Tiere erscheinen manchmal etwas dünner, das Fell wirkt stumpfer als bei jungen Tieren.

Da Streifenhörnchen keine typischen Streicheltiere sind, sollten Sie darauf vorbereitet sein, dass Sie Ihren neuen Hausgenossen die meiste Zeit über lediglich beobachten werden. Zu kleinen Spielchen sind zahme Hörnchen aber gerne bereit (→ Seite 46/47), und ich kann Ihnen garantieren, dass das Verhalten Ihres Hörnchens so interessant ist, dass es mit ihm niemals langweilig wird.

Der Standort des Hörnchenheims

Der Platz für die Voliere Ihres Streifenhörnchens sollte sorgfältig ausgewählt werden: Starke Sonneneinstrahlung oder Zugluft sind seiner Gesundheit sehr abträglich. Ein Standort direkt neben Fernseher oder Stereoanlage ist ebenfalls aufgrund der lauten Geräusche nicht geeignet. In der Küche könnten starke Gerüche oder Dämpfe die empfindliche Nase Ihres Hörnchens stören. Die tagaktiven Nager nehmen gern an Ihrem Leben mit seiner typischen Geräuschkulisse und Geschehen teil, sodass die Voliere auch nicht im geräuscharmen Bügelzimmer stehen sollte. Idealer Standort ist meiner Ansicht nach eine helle Zimmerecke in Ihrem Wohn- oder Arbeitszimmer.

Glücklicherweise riechen Hörnchen kaum unangenehm. Dennoch markieren sie beim Freilauf ihr »Revier« durch Urintröpfchen. Wertvolle Teppiche oder Möbel sollten also besser außer Reichweite Ihrer Hausgenossen sein. Die Nager lieben außerdem das Herumwühlen in der Erde: Zimmerpflanzen werden gerne ausgebuddelt und auf Futtertauglichkeit überprüft. Da das Streifenhörnchen sowohl durch die Blumenerde als auch durch die Pflanze (giftig sind etwa Dieffenbachie und Weihnachtsstern) selbst erheblichen Schaden nehmen kann, müssen Pflanzen entweder sicher geschützt oder ganz aus der Freilaufzone entfernt werden (→ Seite 46).

Winterschlaf – was ist das eigentlich?

Der Winterschlaf ist ein schlafähnlicher Zustand. Dabei werden Körpertemperatur und Stoffwechsel so stark heruntergefahren, dass in freier Natur ein Überleben während der Wintermonate mit einem extrem niedrigen Energieverbrauch möglich wird. Dieses angeborene Verhalten geben viele Streifenhörnchen auch in der Heimtierhaltung nicht auf. Ob ein Hörnchen sich im Herbst schlafen legt, hängt interessanterweise nicht mit der kühleren Umgebungstemperatur, sondern mit den kürzer werdenden Tageslängen zusammen. Das Licht hat vermutlich einen regulatorischen Einfluss auf den Hormonhaushalt und erzeugt bei den Tieren eine Art »innerer Uhr«. Ob und wie es einen Winterschlaf abhalten möchte, entscheidet jedes Hörnchen selbst, der Halter hat darauf keinen Einfluss. Grundsätzlich kann der Winterschlaf von Oktober bis März dauern, wobei es ganz unterschiedliche Typen von Winterschläfern gibt. Einige Hörnchen halten tiefe Schlafphasen von bis zu zehn Tagen Dauer ab, ehe sie für eine kurze Zeit wieder wach werden, um Nahrung zu sich zu nehmen und sich danach wieder hinzulegen. Andere schlafen in einem Zwei- bis Drei-Tage-Rhythmus und nehmen dazwischen kleinere Nahrungsportionen auf. Dann gibt es noch Streifenhörnchen, die lediglich ein verstärktes Schlafbedürfnis haben und nicht länger als vier Stunden am Tag wach sind. Im Laufe eines Streifenhörnchenlebens kann sich das winterliche Schlafverhalten ändern. Im Alter schlafen die meisten Hörnchen gerne etwas länger.

RÜCKZUG Das Nest wird auf seine Eignung als Winterquartier überprüft. Wie lange das Hörnchen verschwunden bleibt, ist individuell verschieden.

WIEDER WACH Wenn das Hörnchen wach wird, möchte es Futter und Trinkwasser zu sich nehmen und sich anschließend wieder zurückziehen.

Bitte nicht stören!

Ganz wichtig ist es, ein Hörnchen, das Winterschlaf hält, niemals zu wecken! Die Gefahr, an plötzlichem Herz-Kreislauf-Versagen zu sterben, wäre sonst sehr hoch. Auch wenn Sie das Tier in dieser Zeit einmal reglos und kalt an einer ungemütlichen Stelle im Käfig vorfinden, fangen Sie bitte nicht an, es zu wärmen oder umzubetten. Es ist ganz normal, dass Streifenhörnchen im Winterschlaf wie tot erscheinen. Seinen Schlafplatz sollte sich das Tier während der Winterschlafzeit grundsätzlich selbst aussuchen dürfen. Der Käfig sollte sich in dieser Zeit an einem ruhigen, nicht durch Heizungsluft überhitzten Standort mit normalem Tageslicht befinden.

Trotz des Winterschlafs sollten das Futter und das Trinkwasser täglich erneuert werden, da nie vorausgesagt werden kann, wann ein Hörnchen wach wird

Im Herbst wird akribisch alles Essbare aufgesammelt, in den Backentaschen verwahrt und zum sicheren Nest getragen.

Dort angekommen bunkert das Streifenhörnchen seine Notrationen für die »harten Wintermonate«. Dieses Verhalten ist durch Hormone gesteuert.

und etwas fressen möchte. Mit Futtermengen vollgebunkerte Schlafhäuschen empfehle ich aus Rücksicht auf die Psyche des Nagers ebenfalls nur zu säubern, wenn Obstreste, die schimmeln können, eingelagert wurden oder das Häuschen zur Toilettenecke umfunktioniert wurde.
Denken Sie daran: Das Hörnchen hat viel Zeit und Mühe damit verbracht, alles sorgfältig einzulagern. Es würde extrem irritiert reagieren, wollte man ihm seinen – aus seiner Sicht – lebensnotwendigen Vorrat einfach wegnehmen.

Aggressives Verhalten – »Herbsteln«

Die ersten Anzeichen dafür, dass das Hörnchen den nahenden Winter wahrgenommen hat, ist sein verändertes Verhalten ab frühestens August. Es beginnt Futtervorräte anzulegen und sämtliche Dinge, die ihm nicht zu schwer oder zu groß erscheinen, in seinem Käfig zu sammeln. Diese »Schätze« werden mit Nachdruck verteidigt. Selbst an sich zahme und friedliche Streifenhörnchen können in der Herbstzeit zu aggressiven Beißern werden, die ohne Vorwarnung den Halter plötzlich angreifen. Die Risswunden sind oft tief und sollten immer ärztlich versorgt werden. Wichtig ist auf jeden Fall eine wirksame Tetanus-Impfung bereits im Vorfeld.

Vorsicht ist besser …

Um Verletzungen im Freilauf sowie bei der Käfigreinigung zu vermeiden, empfehle ich Ihnen, dabei sowohl Handschuhe als auch eine Schutzbrille (z. B. Taucherbrille) und geschlossene Kleidung zu tragen. Schuhe sind ebenfalls sehr zu empfehlen! Streifenhörnchen betrachten jedes Lebewesen in der Herbstzeit als Eindringling in ihr Revier. Manche Nager lassen sich von stark duftenden Handcremes abschrecken, aber leider nicht alle.
Ist das Hörnchen stark aggressiv, können Sie in dieser kurzen Zeit auch auf den täglichen Freilauf verzichten. Ihre eigene Sicherheit geht vor! Reinigungsarbeiten sollten dann besser in die Schlafenszeit des Hörnchens verlegt werden.

Sinne des Streifenhörnchens

Fell

Über die weichen und kurzen Fellhaare, die dem Körper eng anliegen, ragen regelmäßig längere Tasthärchen hervor. Damit schafft es der kleine Nager, selbst durch dunkle Röhren zu flitzen, ohne an die Wände anzustoßen.

Ohren

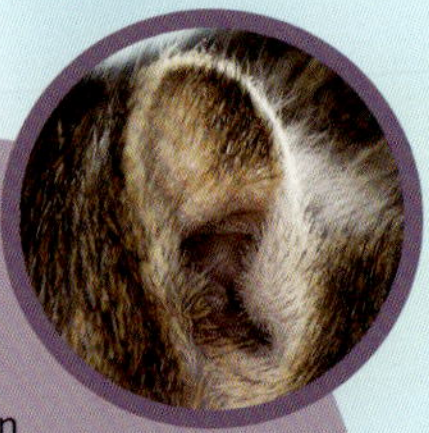

Streifenhörnchen können sehr gut hören. Bei jedem ungewöhnlichen Geräusch werden sie sofort aufmerksam und verharren in Hab-Acht-Stellung. Man nimmt an, dass sie besonders hohe Laute und Töne aus dem Ultraschallwellenbereich sehr gut wahrnehmen können.

Schwanz

Mit Hilfe des buschigen Schwanzes können Streifenhörnchen nicht nur ihre Körperposition beim Klettern geschickt ausbalancieren. Er dient ebenfalls als Kommunikationsmittel unter Artgenossen. Das Hörnchen pflegt seinen Schwanz besonders gut und erscheint massiv eingeschränkt in seinen Bewegungen, wenn dieser verletzt ist.

Pfoten

Hörnchen besitzen gelenkige Finger und Zehen sowie scharfe Krallen, mit denen sie sich beim Klettern in freier Natur gut an der Baumrinde festkrallen können. Typisch ist ebenfalls, dass der Ballen und die kleinen Pölsterchen an den Zehen gut ausgebildet sind. Mit diesen federt der Nager sein Gewicht beim Landen nach größeren Sprüngen ab.

Augen

Mit den großen, sehr weit seitlich am Kopf gelegenen Augen besitzt das Hörnchen einen Rundum-Blick von nahezu 360°. Dadurch ist es in der Lage, Feinde frühzeitig wahrnehmen zu können, ohne den Kopf wenden oder den Körper bewegen zu müssen.

Nase

In der Streifenhörnchenwelt läuft ein großer Teil der Kommunikation über den Geruchssinn ab. Dieser ist bei den Nagern äußerst gut ausgeprägt. Ihre feine Nase spürt verborgene Nahrung sicher auf und hilft in freier Natur den Geruch von Feinden wahrzunehmen. Mit Duftmarken grenzen die Tiere ihre Reviere ab und vermitteln ihre Paarungsbereitschaft an Artgenossen. Jedes Hörnchen besitzt einen ganz eigenen typischen Körpergeruch. Wir Menschen können diese verschiedenen Gerüche leider nicht unterscheiden.

Zähne

Die dunkelorangefarbenen Schneidezähne sind äußerst hart und wachsen ein Leben lang nach. Regelmäßiges Knabbern und Nagen ist deshalb besonders wichtig. Die Kiefermuskulatur von Streifenhörnchen ist stark ausgeprägt; Bisse gehen oft tief.

Mein Heim – mein Revier

Streifenhörnchen sind ausgesprochen muntere Tiere, die viel Lebensfreude verbreiten, wenn sie artgerecht gehalten werden. Bei falscher Haltung seitens des Besitzers zeigen die Tiere jedoch schnell Verhaltensanomalien, die nur schwer wieder zu korrigieren sind. Eine solche psychische Erkrankung hat auch Einfluss auf das körperliche Wohlbefinden: Verhaltensgestörte Hörnchen sehen meist ungepflegt aus und haben ein struppiges Fell. Gerade deshalb ist es auch bei diesem nicht-domestizierten Tier besonders wichtig, dass der Besitzer zumindest in Grundzügen die natürlichen Verhaltensweisen kennt. Erst dann kann er das Verhalten und die Ansprüche des Hörnchens verstehen und in der Haltung umsetzen.
Im Grunde ist es am wichtigsten, das Revierverhalten des Streifenhörnchens zu begreifen, um die Gesten und das Verhalten des Tieres richtig deuten zu können.

Düfte als Grenzen

In freier Natur leben Hörnchen wie bereits erwähnt in lockeren Kolonien, wobei jedes Tier stets ein eigenes Revier besitzt. Dessen Grenzen markiert es mit Urintröpfchen und verteilt Duftmarken, indem es sein Kinn und die Backen an Gegenständen reibt. An diesen Körperstellen befinden sich nämlich Duftdrüsen, die den ganz speziellen Eigengeruch eines jeden Hörnchens ins Fell absondern. Jeder Artgenosse wird bei Übertreten der Reviergrenzen sofort und mit Nachdruck in die Flucht geschlagen. Eine Ausnahme bildet lediglich der in der Paarungszeit ausgesuchte Partner, der kurzzeitig die Markierungen übertreten darf. Streifenhörnchen sind nicht gerade zimperlich, wenn ein fremdes Tier nicht sofort weicht, und sie können sich bei einem Revierkampf schnell schwere Verletzungen zufügen. Vor allem in der Herbstzeit, wenn die Tiere ihre Nahrungsvorräte ansammeln, und in der Paarungszeit im Frühjahr ist dieses Verhalten besonders stark ausgeprägt.
In der Heimtierhaltung sollte ein Streifenhörnchen deshalb bei Einzug ins neue Zuhause stets die ersten vier bis sechs Wochen ausschließlich im Käfig gehalten werden, damit es nur seinen Käfig als »sein« Revier ansieht. Erfolgt der Freilauf schon früher, nehmen die Nager häufig das gesamte Zimmer in Beschlag, suchen sich in Möbeln Unterschlüpfe zum Schlafen und verteidigen »ihr Wohnzimmer« zur Herbstzeit auch aggressiv gegen den Besitzer: Es ist ja schließlich ihr Territorium ...

Mein Reich – dein Reich

Falls Ihr Hörnchen trotz der langen Eingewöhnung meint, **Ihr** Reich wäre vor allem **sein** Reich, und es

Hilfe durch **Bachblüten?**

SANFTE MEDIZIN In der Vergangenheit haben Hörnchenhalter immer wieder berichtet, dass eine alternative Heilmethode mit Bachblüten das aggressive Territorialverhalten abmilderte. Fragen Sie Ihren Tierarzt, ob und in welcher Dosierung er diese Therapiemethode für Ihr Tier als sinnvoll erachtet. Bitte unternehmen Sie aber keine Selbstmedikation am eigenen Tier!

REVIERGRENZEN Das Käfiggitter markiert die Grenze zwischen seinem und Ihrem Territorium. Es ist wichtig, dass Ihr Streifenhörnchen lernt, diese Tatsache zu akzeptieren. Sicherlich ist das Revier eines Streifenhörnchens in freier Natur größer als die Grundfläche einer Voliere. Deshalb sollten wir uns bemühen, dass das Streifenhörnchen-Heim geräumig ausfällt und artgerecht eingerichtet wird. Keinesfalls sollten die angegebenen Mindestflächen unterschritten werden.

SICHERES PLÄTZCHEN Hat das Streifenhörnchen sich vergewissert, dass in seiner Umgebung keine Gefahren drohen, frisst es vollkommen entspannt auf dem Dach seines Häuschens. Dennoch wird der kleine Nager blitzschnell von der Bildfläche verschwunden sein, wenn er glaubt, dass ihm Unheil droht. Wahrscheinlich dauert es dann wieder eine Weile, bis er sich danach wieder nach draußen wagt.

BUDDELKISTE Eine im Revier aufgestellte Kiste, gefüllt mit kleintiergerechter Erde, erfreut das Herz eines jeden Streifenhörnchens. Es wird darin nach Herzenslust herumwühlen und buddeln.

anfängt, das gesamte Zimmer zu verteidigen, können Sie folgende Maßnahmen ergreifen:

› Weiterer Käfigarrest für einige Zeit, bis der Nager seine Grenzen kennt und sie akzeptiert hat.

› Abwehr des Tieres mit einem Kuscheltier. Dieser Vorschlag mag beim ersten Lesen lustig klingen, ist aber völlig ernst gemeint und funktioniert bei manchen Hörnchen wirklich gut.

Zu diesem Zweck sollten Sie sich ein Stofftier zulegen, das etwas größer als das Hörnchen ist. Greift Ihr Hörnchen Sie an, so versuchen Sie, es mit dem Kuscheltier zu vertreiben. Sie sollten es natürlich nur ein wenig anstupsen und zur Seite drängen, selbstverständlich weder zupacken noch schlagen. Das Tragen von bissfesten Handschuhen ist bei dieser Aktion aber in jedem Falle zu empfehlen. Selbst wenn das Streifenhörnchen anfangs durch Bisse versucht, sich gegen das Stofftier zu verteidigen, wird es irgendwann verstanden haben, dass sein Gegenüber erstaunlich schmerzunempfindlich ist. Einige Tiere geben im Laufe der Zeit ihren territorialen Besitzanspruch dann tatsächlich auf.

Kastrieren ist sinnlos!

Es wird immer wieder berichtet, dass Streifenhörnchen-Halter ihre Tiere kastrieren lassen möchten, um das gelegentlich aggressive Verhalten abzumildern. Dieses für uns unangenehme und auch gefährliche Verhalten wird jedoch nicht durch Geschlechtshormone gesteuert, sondern ist angeboren. Daher ist es leider nicht möglich, durch eine Kastration diese natürliche Verhaltensweise zu beeinflussen. Zudem ist eine solche Operation nur in Vollnarkose vom Tierarzt durchführbar, und diese ist für Streifenhörnchen leider nicht ohne Risiko. Sie müssen Ihr Hörnchen also so nehmen, wie es von Natur aus ist, sonst kommt die Streifenhörnchen-Haltung für Sie nicht in Frage.

Für das verteidigende Hörnchen selbst spielt es auch keine Rolle, wer sich ihm nähert. Sobald es das Gefühl bekommt, ein anderes Lebewesen überschreitet ungewollt sein Territorium oder nähert sich seinen Futterreserven, wird es in Verteidigungsstellung gehen und auch nicht zögern anzugreifen. Das aggressive Verhalten ist von Hörnchen zu Hörn-

Selbst die Kuschelvariante einer Ratte ist diesem Hörnchen nicht so ganz geheuer.

chen übrigens recht unterschiedlich stark ausgeprägt. Vermutlich spielen Herkunft und Erfahrungen in der Vergangenheit des Tieres eine mitentscheidende Rolle.
Suchen Sie sich Ihren Hausgenossen also vorzugsweise bei einem zuverlässigen Züchter oder im Zoofachhandel aus, wo man Ihnen auch Auskunft über die Vergangenheit des Tieres geben kann.

Aufschlussreiche Körpersprache

Typisch für ein Streifenhörnchen ist der buschige lange Schwanz, der in alle Richtungen äußerst präzise bewegt werden kann. Er hilft dem Tier, sich beim schnellen Klettern und Springen auszubalancieren. Darüber hinaus sagt er viel über den aktuellen Gemütszustand des Hörnchens aus.

› Hat ein Tier einen fremden Geruch oder ein unheimliches Geräusch wahrgenommen, erstarrt es plötzlich in einer Hab-Acht-Stellung, wobei der Schwanz in S-förmigen, seitlichen Schlängelbewegungen hin und her wedelt. Ist das Tier extrem angespannt, fängt sogar der Körper dabei an zu zittern. Der gesamte Körperausdruck zeigt erhöhte Aufmerksamkeit, das Tier ist bereit zur Flucht.

› Sitzt das Hörnchen entspannt auf einem Ast, hängt der Schwanz meist herunter, er kann aber auch ebenso gut über den Rücken geschlagen werden ähnlich wie bei einem Eichhörnchen.

› Sind die Ohren gespitzt, lauscht der Nager aufmerksam und zeigt Interesse an seiner Umgebung. Fühlt das Streifenhörnchen sich bedroht, werden die Ohren leicht angelegt.

Laute und Töne **besser verstehen**

ÄUSSERUNG	INTERPRETATION
ZWITSCHERN	Streifenhörnchen geben Zwitscherlaute von sich, wenn sie sich wohl fühlen oder freudig überrascht sind. Typisch ist auch der Chip-Laut, der den Nagern ihren Namen Chipmunk eingebracht hat. Beim Paarungsritual zwitschern sich die Tiere ebenfalls gegenseitig an.
KNURREN	Ein Knurren hört man bei Tieren während eines Revierkampfes oder bei aggressivem Verhalten dem Besitzer gegenüber.
GURREN	Irritierte oder verschreckte Hörnchen können Gurrlaute von sich geben. Ebenso gurren Tiere, die sich vernachlässigt fühlen.
PFEIFEN	Pfeiflaute zeigen, dass der Nager aufgeregt ist und irgendetwas in der Umgebung ihm unheimlich erscheint. Manche Tiere fordern damit auch die Aufmerksamkeit des Besitzers ein. Diese hohen Töne können recht laut und schrill sein. Auch kranke Hörnchen, die Schmerzen haben, geben manchmal Pfeiftöne von sich. Weibchen zeigen in der Paarungszeit im Frühjahr regelmäßig etwa alle zehnTage ein recht lautes und für uns unangenehmes Pfeifen, wodurch sie dem Männchen ihre Deckbereitschaft signalisieren.

Nahe Verwandte

Die Familie der Hörnchen *(Sciuridae)* ist ungeheuer groß. Sie in einem kurzen Überblick vorzustellen ist deshalb kaum möglich. Zusätzlich sind Gattungs- und Untergattungs-Einteilungen der Hörnchen nach wie vor umstritten und nicht einheitlich definiert.
Der bekannteste Verwandte des Streifenhörnchens ist das Europäische Eichhörnchen *(Sciurus vulgaris)*. Dieses Baumhörnchen lebt hauptsächlich in Baumwipfeln und baut seine Nester als Kobel, das sind rundliche, stabile Nester aus Zweigen. Es unterscheidet sich vom Streifenhörnchen äußerlich vor allem durch seine Fellpinsel an den Ohren, sein etwa doppelt so hohes Körpergewicht und den buschigen Schwanz. Die Fellfarbe reicht von rotbraun bis graubraun.
Dem Chipmunk zum Verwechseln ähnlich sieht das Streifen-Backenhörnchen *(Tamias striatus)*. Dieses ist allerdings anders bezahnt und scheint bislang nur wenig domestiziert zu sein. Selbst in Heimtierhaltung tarnt es seinen Nesteingang.
Ein attraktiver wilder Verwandter des Streifenhörnchens ist das Rothörnchen *(Tamiasciurus)*. Es zählt ebenfalls zu den Baumhörnchen.
Farbvarianten unseres Streifenhörnchens in der Heimtierhaltung gibt es inzwischen in Weiß, Zimtfarben (rötlich) und Grau. Daneben treten auch Mischformen auf.

Der Burunduk (Asiatisches Streifenhörnchen) ist das bei uns am häufigsten gehaltene Streifenhörnchen.

Auch weiße Streifenhörnchen besitzen häufig an Rücken und Kopf eine dünne hellbraune Streifung.

KANADISCHES ROTHÖRNCHEN Diese in Nordamerika beheimateten hübschen Vertreter der großen Hörnchen-Familie weisen je nach Jahreszeit ein etwas unterschiedlich gefärbtes Fellkleid auf.

CHIPMUNKS Die in Kanada und den USA beheimateten Chipmunks sind von der asiatischen Variante des Streifenhörnchens für den Laien nur sehr schwierig zu unterscheiden.

STREIFEN-BACKENHÖRNCHEN
Typisch für Streifenbackenhörnchen sowie für Chipmunks sind die unterbrochenen Streifen und der grau gefärbte Rücken, der in der Mitte von einem dünnen schwarzen Streifen durchzogen ist.

EICHHÖRNCHEN Unsere einheimischen Eichhörnchen sind eng mit den Streifenhörnchen verwandt. Im Gegensatz zu diesen werden sie aber den Baumhörnchen zugerechnet. Sie unterscheiden sich von diesen außerdem in der Fellzeichnung und der Körpergröße.

Das Kennenlernen

Es ist so weit: Sie haben alle Voraussetzungen geschaffen, damit sich ein Streifenhörnchen bei Ihnen wohl fühlt. Nun können Sie den kleinen Nager bei sich einziehen lassen. Geben Sie ihm aber genügend Zeit, um sich einzugewöhnen.

Die ersten Schritte

Damit sich Ihr neuer kleiner Mitbewohner möglichst stressfrei in seiner neuen Umgebung eingewöhnt, sollten Sie sein zukünftiges Heim schon vor seiner Ankunft komplett fertig aufgestellt und eingerichtet haben. Verschieben Sie keine Arbeiten am und im Käfig auf die Wochen nach seiner Ankunft. Ebenso empfehle ich Ihnen, keine Übergangslösungen mit Käfigen, die nicht den empfohlenen Mindestmaßen entsprechen, zu versuchen. Der kleine Racker hat so einen großen Bewegungsdrang, dass ihm schon von Beginn an die räumlichen Möglichkeiten geboten werden sollten, die eine artgerechte Hörnchenhaltung mit sich bringt.
Im folgenden Kapitel finden Sie eine Fülle von Informationen zum artgerechten Hörnchenheim und seiner Ausstattung. Überlegen Sie auch grundsätzlich, ob Sie Ihr Hörnchen lieber draußen oder drinnen halten möchten.

Der richtige Zeitpunkt

Die ideale Jahreszeit für den Einzug eines Hörnchens sind die Sommermonate. Zu dieser Zeit zeigt es ein friedliches Verhalten und ist tagsüber wach. Geht es nicht anders und Sie müssen ein Tier in den Herbst- oder Wintermonaten bei sich aufnehmen, können Sie mit der Gewöhnung an die Hand leider noch nicht sofort beginnen. Es empfiehlt sich zudem, das Tier, wenn es schon einen Winterschlaf hält, vorsichtig im Häuschen schlafend zu transportieren und dieses einfach ins neue Heim zu stellen. So bekommt das Hörnchen von dem Umzug hoffentlich nur wenig mit. Bis zum Frühling sollte der kleine Racker dann in seinem neuen Zuhause ganz in Ruhe gelassen werden. Grundsätzlich rate ich aber davon ab, im Winter ein Streifenhörnchen umziehen zu lassen, da das Tier psychischen Schaden erleiden kann, wenn es wach werden sollte.

Die richtige Wahl

Es gibt verschiedene Möglichkeiten, sich ein Streifenhörnchen zu besorgen.
Wichtig ist, dass Sie schon im Vorfeld auf jeden Fall ein eingefangenes Wildtier aus dem Ausland für sich ausschließen. Der Transport vom Heimatland zu uns stellt nämlich eine extreme Belastung für so ein kleines Nagetier dar. Die Umstellung von der freien Natur in die Heimtierhaltung verkraftet außerdem kein Tier, ohne einen psychischen Schaden davonzutragen. Zudem ist der Import von Wildtieren vollkommen überflüssig, da es Nachzuchten von bereits in Gefangenschaft geborenen Tieren in ausreichender Anzahl bei uns gibt.

Ist das Hörnchen von klein auf an Menschen gewöhnt, lebt es sich schneller ins neue Zuhause ein.

Zoofachhandel Immer häufiger sieht man Streifenhörnchen inzwischen in Zoohandlungen. Achten Sie darauf, dass die Tiere auch dort nach Geschlechtern getrennt gehalten werden und Ihnen nicht zu einer Paarhaltung geraten wird. Ein artgerecht gestalteter Käfig mit diversen Rückzugsmöglichkeiten sollte in einer Zoofachhandlung selbstverständlich sein. Ein erfahrener Zoohändler ist geübt in der Geschlechtsunterscheidung und kann Ihnen genaue Auskunft über die Herkunft und das Alter des Tieres geben.

Züchter Es gibt inzwischen einige private Streifenhörnchen-Züchter. Adressen finden Sie auf diversen Internetseiten (→ Seite 62) oder in Fachzeitschriften. Der Vorteil für Sie ist, dass Züchtertiere meist aus einer sehr guten Haltung kommen, schon zahm sind und Sie sich von der Gesundheit der Elterntiere überzeugen können. Züchter können meist auch auf eine jahrelange Erfahrung zurückblicken und wertvolle Haltungstipps geben. Hier finden Sie auch ausgefallene Farbschläge. Viele Züchter bieten den Interessenten sogar an, Jungtiere eines geplanten Wurfes im Vorhinein für sie zu reservieren.
Falls in der Nähe Ihres Wohnortes keine Adresse eines geeigneten Züchters zu finden ist, bieten manche Züchter auch eine Lieferung über profes-

sionelle Tierversandorganisationen an. Informieren Sie sich im Vorfeld gut über die Transportbedingungen und -preise, und fragen Sie in Online-Foren nach eventuell vorhandenen Erfahrungen von Streifenhörnchenhaltern mit der betreffenden Transportorganisation. Der Nachteil ist in jedem Fall, dass Sie das Tier nicht selbst aussuchen und sich kein Bild über den Gesundheitszustand des Tieres machen können.

Tierheim Leider sind Hörnchen sogar schon vereinzelt in Tierheimen aufzufinden. Geben Sie einem Tier dieser Herkunft ein neues Zuhause, so handeln Sie auf jeden Fall im Sinne des Tierschutzes. Allerdings kann es vorkommen, dass die Tiere schon älter sind oder durch schlechte Erfahrungen in der Vergangenheit ein sehr scheues Verhalten an den Tag legen.

Dennoch lohnt es sich meiner Ansicht nach immer, einem solchen Tier eine neue Chance zu geben.

Private Hand Nicht selten werden Streifenhörnchen auch durch private Zeitungsannoncen vermittelt. Dabei ist es besonders wichtig, sich von der artgerechten Haltung des Tieres zu überzeugen. Eine »Kinderzimmerzucht«, also ein Zufallsprodukt aus nicht professioneller Haltung, sollten Sie auf keinen Fall unterstützen.

Wie erkenne ich ein gesundes Tier?

Sie sollten sich Ihr neues Haustier – sofern eine Auswahl möglich ist – stets selbst aussuchen. Dabei ist es wichtig, den allgemeinen Gesundheitszustand des Tieres einschätzen zu können, damit Sie nicht ein bereits krankes Tier mit zu sich nach Hause nehmen. Einen kurzen Gesundheitscheck vorzunehmen ist nicht schwer, dieser kann selbst von Anfängern in der Streifenhörnchenhaltung gut durchgeführt werden.

Gute Züchter erkennen

TIPPS VON DER HÖRNCHEN-EXPERTIN
Alexandra Beißwenger

HALTUNG Die Einzelhaltung der Zuchttiere sollte selbstverständlich sein. Auch Käfiggröße sowie Einrichtung sollten den idealen Anforderungen entsprechen.

GESCHLECHTSUNTERSCHEIDUNG Männchen und Weibchen auseinanderzuhalten dürfte für einen erfahrenen Hörnchenzüchter kein Problem darstellen.

FACHKENNTNIS Ein guter Züchter kennt die Ansprüche und das Verhalten seiner Tiere bis ins Detail. Zur richtigen Auswahl der Zuchttiere sollte er mit den Regeln genetischer Vererbungslehre umgehen können, um keine Inzuchtverpaarungen zu riskieren. In der ersten Eingewöhnungszeit mit dem Nager sollte er Ihnen auch für weitere Fragen zur Verfügung stehen.

ABGABEALTER Jungtiere sollten erst im Alter von mindestens acht Wochen in ein neues Zuhause abgegeben werden. Vorher benötigen sie noch die Nähe und Milch des Muttertieres. Zu früh getrennte Hörnchen zeigen später nicht selten Verhaltensauffälligkeiten.

Zunächst einmal sollten Sie das wache Tier ganz in Ruhe aus der Ferne beobachten, sodass es durch Ihre Nähe nicht irritiert wird. Es sollte aufmerksam sein und Interesse an seiner Umgebung zeigen. Die Bewegungen des Hörnchens sollten geschickt und wendig erscheinen. Streifenhörnchen, die im wachen Zustand und auf Ansprache aufgeplustert in einer Ecke verharren, haben häufig Schmerzen und brüten eine Krankheit aus. Ebenso darf die Atmung des Tieres nicht erschwert sein oder gar Geräusche verursachen.

Nun sollten Sie das Tier näher in Augenschein nehmen und folgende Punkte beachten:

› **Nasen- und Mäulchenbereich** Es sollte kein Ausfluss zu sehen sein, das Kinn darf nicht nass erscheinen. Die Schneidezähne müssen gerade nebeneinander stehen.

› **Augen** Die Augen sollten klar, trocken und komplett geöffnet sein. Krusten oder weißer Schleim könnten ein Hinweis auf eine Entzündung sein.

› **Ohren** Am äußeren Ohr dürfen keine Krusten zu erkennen sein.

› **Fell** Das Fellkleid des Streifenhörnchens sollte glatt, glänzend und ohne haarlose Bereiche erscheinen. Schuppen oder Krusten können auf Parasitenbefall hinweisen. Durch den damit verbundenen Juckreiz kratzen und putzen sich erkrankte Hörnchen übermäßig viel. Da Parasitenbefall ansteckend ist, sollten Sie auch kein Tier auswählen, das im Vorfeld Kontakt mit einem befallenen Tier hatte.

› **Afterbereich** Wenn der Zoohändler oder Züchter die Geschlechtsuntersuchung durchführt, können Sie bei dieser Gelegenheit auch einen kritischen Blick auf die gesamte Aftergegend werfen. Das Fell in dieser Region sollte sauber und trocken sein. Eventuelle Krusten könnten auf Verdauungsprobleme hinweisen.

Ein Unterschlupf und ein paar Obststückchen sollten für den kurzen Transportweg ins neue Zuhause ausreichend sein.

Schlechte Haltung **nicht fördern!**

SCHWARZE SCHAFE Es kommt immer wieder vor, dass Menschen ein Tier, das schlecht gehalten wird oder gar krank ist, aus Mitleid auswählen, damit es ein besseres Zuhause findet. Machen Sie das aber lieber nicht! So unschön es für das kranke Tier auch ist, an Ort und Stelle belassen zu werden, Sie können dadurch nichts an der eigentlichen Ursache – nämlich der nicht artgerechten Haltung – ändern. Sie würden den verantwortungslosen Halter oder Verkäufer nur in seiner Vorgehensweise bestätigen, und bald leidet schon ein neues Tier am selben Platz und wartet darauf, von einem mitleidigen Menschen »erlöst« zu werden. Weisen Sie den Verantwortlichen besser ausdrücklich auf das Tierschutzgesetz hin!

Der Transport nach Hause

Für den Transport eines Streifenhörnchens gibt es im Zoofachhandel kleine Transportkäfige aus Kunststoff, die mit Lüftungsgittern oder -schlitzen versehen sind. Kleine Hamster- oder Vogelkäfige eignen sich ebenfalls.

Die Behältnisse sollten am Boden mit etwas Einstreu ausgepolstert werden. Eine Rückzugsmöglichkeit, etwa in Form eines Häuschens aus Karton, muss auf jeden Fall mit eingeplant werden. Etwas Trockenfutter kann zu der Einstreu gegeben werden. Für eine kurze Transportzeit reicht ein Stück Obst zur Deckung des Flüssigkeitsbedarfs. Bei längerer Autofahrt empfiehlt es sich, zusätzlich eine Trinkflasche am äußeren Rahmen anzubringen. Ein Transport sollte möglichst immer tagsüber, wenn das Hörnchen wach ist, erfolgen.

Geschützt vor äußeren Einflüssen

Die Transportbox sollte stets von drei Seiten mit einem Handtuch abgedeckt werden. Dadurch verhindern Sie Zugluft oder zu starke Sonneneinstrahlung. Das Tier fühlt sich außerdem besser abgeschirmt vor der fremden Außenwelt.

Ein Transport bei extremer Hitze oder Kälte ist generell zu vermeiden, da die Tiere hitzeempfindlich sind und einen Schock erleiden könnten. Zuhause angekommen hat es sich bewährt, den Transportkäfig einfach geöffnet in das fertig eingerichtete Hörnchenheim zu stellen und das Tier von selbst herausspringen zu lassen. Es empfiehlt sich, den Reisekäfig auch zu Hause stets griffbereit aufzubewahren für den Fall, dass Ihr Tier einmal zum Tierarzt gebracht werden muss.

Endlich daheim

In seinem neuen Heim sucht sich Ihr neuer Hausgenosse wahrscheinlich sofort ein sicheres Versteck und taucht nicht so schnell wieder auf.

Seien Sie nicht enttäuscht, wenn das Tier erst einmal sein Heil in der Flucht sucht. Das ist normal. Geräusche und Gerüche der neuen Umgebung sind für das Hörnchen eine große Veränderung, an die es sich nur langsam gewöhnt.

Eine Grünlilie *(Chlorophytum)*, die immer in Räumen mit unbelasteter Luft gestanden hat, ist nicht giftig für die kleinen Nager.

Sanfte Eingewöhnung

Geben Sie Ihrem Hörnchen Zeit und haben Sie Geduld! Dieser Satz beinhaltet eigentlich auch schon die beiden Hauptregeln, die es bei der Zähmung von Streifenhörnchen zu beachten gilt.

Geduld, Geduld, Geduld

In den ersten ein bis zwei Tagen sollten Sie das Hörnchen ganz ohne Annäherungsversuche im Käfig in Ruhe lassen. Es wird sicherlich erst einmal sein neues Heim aufs Genaueste untersuchen und Markierungen vornehmen wollen.
Ganz wichtig ist es, dass das Streifenhörnchen die nächsten vier bis sechs Wochen (bei manchen Tieren auch noch länger) ausschließlich in seinem Käfig verbringt, sozusagen Hausarrest hat.
Das mag sich bitter für das Tier anhören, aber glauben Sie mir: Die größten Verhaltensprobleme entstehen gerade bei Hörnchen, die von Beginn an oder zu früh in den Freilauf gelassen wurden. Erst muss das Hörnchen seinen Käfig, und zwar wirklich nur seinen Käfig, als eigenes Revier anerkannt haben (→ Seite 16), bevor es die weitere Umgebung, also Ihr Zimmer, als tägliches Freilaufterritorium benutzen darf. Ansonsten laufen Sie Gefahr, dass der Nager das gesamte Zimmer oder sogar die Wohnung in Beschlag nimmt und auch gegen Sie aggressiv verteidigt. Dieses Revierverhalten dem Rabauken wieder abzugewöhnen ist sehr schwierig und dauert lange.

Ein zahmes Streifenhörnchen: schönste Belohnung für einen frisch gebackenen Hörnchenhalter.

Langsame Annäherung

Glücklicherweise dürfen Sie die Zeit des Hausarrests bereits zur vorsichtigen Zähmung des Nagers verwenden, mit der Sie schon nach wenigen Tagen beginnen können.
Grundsätzlich ist zum Thema Zähmung zu sagen, dass man das Verhalten eines Hörnchens nicht voraussagen kann. Es gibt Tiere, die schon nach einer Woche kaum noch Angst vor dem Tierhalter haben. Leider gibt es aber auch andere, die erst nach Monaten, einige wenige vielleicht sogar nie ihre Scheu vor Menschen ganz verlieren. Die Vorgeschichte und das Alter eines jeden Tieres spielen dabei eine große Rolle. Jungtiere haben oft noch keine negativen Erfahrungen mit dem Menschen gemacht und sind häufig von Anfang an neugierig und offen. Ältere Tiere reagieren vielleicht aufgrund schlechter Erlebnisse mit Menschen in der Vergangenheit scheuer. In jedem Falle ist der erste Zähmungsver-

such bei Streifenhörnchen prägend für ihr späteres Verhalten. Deshalb ist es so wichtig, dass Sie ganz behutsam vorgehen und außerordentlich viel Geduld mitbringen.

Die Zähmung beginnt

Liegen die ersten Tage im neuen Heim hinter dem Hörnchen, können Sie mit der Zähmung beginnen. Der ideale Zeitpunkt hierfür sind die Nachmittagsstunden, in denen der Nager wach ist. Behalten Sie bei Ihrem Annäherungsversuch stets im Hinterkopf, dass für das Streifenhörnchen alles in seiner Umgebung neu ist: Geruch, Bewegungen und Geräusche. Stellen Sie als Erstes leise Musik an, setzen Sie sich vorsichtig ein Stück weit entfernt vor den Käfig auf einen Stuhl und warten Sie ab, was dann passiert.

1 BLICKKONTAKT Es ist schon sehr viel gewonnen, wenn das Streifenhörnchen sich im Freilauf so weit in Ihre Nähe traut, dass es Ihnen quasi gegenübersteht. Noch etwas zögerlich und vorsichtig wird es Sie beäugen, aber das Interesse ist geweckt, und der erste Annäherungsversuch kann gestartet werden. Bewaffnen Sie sich mit einer Auswahl der besten Leckerbissen, und los geht's.

2 LOCKFUTTER Bieten Sie ein Leckerchen vorsichtig mit der Hand an. Es kann passieren, dass der Nager noch einmal einen Fluchtversuch unternimmt und sich zunächst wieder versteckt. Lassen Sie aber nicht locker! Schon nach kurzer Zeit wird er neugierig wieder auf der Bildfläche erscheinen und in Ihre Nähe hüpfen. Nun wird er sicherlich auch den Leckerbissen annehmen.

3 BANN GEBROCHEN Nimmt er die Leckerchen zuverlässig aus Ihrer Hand an, können Sie es wagen, den Snack mit der rechten Hand so zu halten, dass der kleine Racker auf Ihre linke Hand klettern muss, um daran zu gelangen. Wiederholen Sie das Vorgehen mehrfach. Irgendwann wird das Hörnchen im Idealfall auf der Hand sitzen bleiben, um den Leckerbissen zu verspeisen.

Vermeiden Sie dabei hektische Bewegungen. Haben Sie ein sehr scheues Hörnchen erwischt, kann es sein, dass der kleine Kerl nur einmal vorsichtig aus seinem Nest schaut, sofort wieder verschwindet und für längere Zeit erst einmal nicht wieder auf der Bildfläche erscheint.
Verzweifeln Sie deswegen nicht, warten Sie einfach ab, oder versuchen Sie es zu einem späteren Zeitpunkt noch einmal.
Sprechen Sie dann leise mit dem Hörnchen, auch wenn es Sie nicht sieht. Einige Hörnchen haben anfangs Angst vor menschlichen Stimmen, sodass Sie erst einmal diese Hürde gemeinsam nehmen müssen, um überhaupt erste richtige Zähmungsversuche unternehmen zu können.
Tag für Tag können Sie dann den Abstand zum Käfig verringern, bis Sie schließlich direkt davor sitzen, ohne dass der Nager mit Panik reagiert.
Ich möchte Ihnen aber nichts vormachen: Diese erste Zeit der Annäherung kann unter Umständen je nach Hörnchen recht lange dauern. Haben Sie aber dennoch weiterhin Geduld, es lohnt sich!
Ist das Streifenhörnchen so weit, dass es zumindest hin und wieder neugierig den Kopf nach Ihnen reckt, wenn Sie vor seinem Käfig sitzen, kann es richtig losgehen.

Endlich: die große Freiheit! Der erste Freilauf im Zimmer ist für Halter und Streifenhörnchen immer ein ganz besonderes Erlebnis.

Liebe geht durch den Magen

Suchen Sie sich Leckerbissen – beispielsweise Nüsse – aus dem Futter heraus, und legen Sie diese auf eine Etage im Käfig. Dabei sollte das Hörnchen Sie beobachten, damit es sieht, was dort Schmackhaftes auf es wartet. Vermutlich wird es irgendwann angehüpft kommen und mit dem Leckerbissen zwischen den Zähnen sofort wieder verschwinden. Wiederholen Sie das Ganze mehrfach, bis Sie es wagen können, den Leckerbissen auf der Hand durch die Gitterstäbe anzubieten.

Nimmt der Nager diesen an, ist schon einmal viel geschafft. Hörnchen, die Leckerbissen aus der Hand nehmen, sind grundsätzlich reif für den ersten Freilauf im Zimmer.

Auch wenn Ihr Hörnchen schon vor Ablauf der Wartefrist von vier bis sechs Wochen handzahm ist, empfehle ich Ihnen trotzdem, die gesamte Zeit abzuwarten – auch wenn es schwer fällt ...

Erster Freilauf

Endlich ist es so weit: Ihr Streifenhörnchen hat sich in den letzten Wochen gut in seinem neuen Heim eingelebt, und die Umgebung ist hörnchensicher gestaltet.

Für den ersten Freilauf sollten Sie sich nun viel Zeit nehmen. Grundsätzlich gilt: Lassen Sie stets das Hörnchen selbst entscheiden, ob es aus seinem sicheren Käfig herauskommen möchte oder nicht. Setzen Sie sich bequem aufs Sofa und warten Sie einfach nur ab. Ein Leckerchen können Sie schon einmal bereitlegen.

Häufig werden die Tiere im Freilauf schnell weiter zahm und verlieren ihre Angst vor dem Menschen. Vorsorgliche Tipps zum Einfangen des Hörnchens finden Sie auf Seite 50/51.

Hilfe! **Es wird nicht zahm!**

MASSNAHME	SO GEHT'S
RADIOMUSIK	Lassen Sie tagsüber einige Stunden leise das Radio laufen, damit sich das Hörnchen an menschliche Töne gewöhnt. Ideal eignet sich dazu ein Sender mit ruhiger Musik, vielen Gesprächen oder Erzählungen.
VORLESEN	Zum Gewöhnen an Ihre Stimme können Sie dem Tier auch über längere Zeit aus einem Buch vorlesen. Das beruhigt viele Tiere.
STIMME	Haben Sie die Möglichkeit, Ihre Stimme beim Vorlesen aufzunehmen, können Sie an einem Tag, wo Sie nicht so viel freie Zeit haben, das Band in Ihrer Abwesenheit laufen lassen.
GERUCH	Legen Sie ein von Ihnen getragenes ausrangiertes T-Shirt in den Käfig. So gewöhnt sich das Tier schnell an Ihren Geruch. Der Stoff darf keine Fäden ziehen, an denen es sich verletzen könnte.
GEDULD	Auch wenn ich Gefahr laufe, mich zu wiederholen: Meiner Erfahrung nach wird jedes Hörnchen irgendwann zumindest handzahm, wenn der Halter eine große Portion Geduld und Einfühlungsvermögen mitbringt. Keineswegs sollten Sie das Häuschen oder das Futter wegnehmen, um die Zähmung zu beschleunigen!

Schöner wohnen für Hörnchen

Ihr Streifenhörnchen wird einen Großteil seines Lebens in seiner Voliere verbringen. Gute Haltungsbedingungen sind daher ein absolutes Muss, um Krankheiten vorzubeugen. Je natürlicher der Lebensraum, umso besser!

Tut gut

- \+ Ideale Jahreszeit zum Einzug eines neuen Streifenhörnchens ist der frühe Sommer. In dieser Zeit sind die Tiere tagsüber wach und zeigen sich von ihrer friedlichsten Seite.
- \+ Natürliche Materialien wie Holz oder Stein sind ungiftig für die Nager und sehen natürlich aus. Zum Schutz vor Urin können Bretter mit Spielzeuglack überzogen werden.
- \+ Das Käfiggitter sollte entweder aus nachdunkelndem Chrom bestehen oder mit ungiftigem grünen oder braunen Lack versiegelt sein. Weiße oder messingfarbene Gitter können eine Blendwirkung verursachen, die den Tieraugen schaden kann und Sie beim Beobachten des Geschehens stört.

Besser nicht

- − Die Maschengröße des Käfiggitters darf nicht größer als 1,5 Zentimeter sein. Das Hörnchen könnte sonst ausreißen oder beim Fluchtversuch hängen bleiben.
- − Holz, Pflanzen und Blätter von Straßenrändern sind oft mit Giftstoffen belastet. Suchen Sie lieber im Wald nach sauberen Naturalien für die Käfiggestaltung.
- − Gegenstände aus Kunststoff sind nur geeignet, wenn das Streifenhörnchen diese nicht anknabbert. Verschluckte Plastikteile sind für den Magen-Darm-Trakt des Tieres extrem gefährlich.
- − Sand sollten Sie nicht als Einstreualternative verwenden. Die spitzen Sandkörner können die empfindliche Haut an den Pfoten verletzen.

Die Wohlfühl-Ausstattung

Das Heim Ihres Streifenhörnchens sollten Sie von Anfang an so groß wie möglich planen. Ein späterer Umbau oder ein Umzug in einen neuen, größeren Käfig sind Ihrem Hausgenossen nicht zuträglich und kosten im Endeffekt nur mehr Geld. Sicherlich ist die Anschaffung der Grundausstattung auf den ersten Blick nicht gerade billig, aber dafür haben Sie für lange Zeit Freude an einem Tier, das sich in artgerechter Haltung von Anfang an pudelwohl fühlen wird. Verhaltensauffälligkeiten können auf diese Weise kaum auftreten.

Haltung in der Wohnung

Als Mindestgröße in der Wohnungshaltung gilt eine Käfiggrundfläche von etwa 80 × 100 Zentimetern sowie eine Käfighöhe von 200 Zentimeter. Die Höhe des Käfigs ist dabei besonders wichtig, da Streifenhörnchen echte Klettertiere sind und den Raum nach oben gern nutzen.

Zoofachhandel In diesen Geschäften finden Sie Käfige mit geeigneten Dimensionen vor allem bei den Volieren für Großsittiche. Inzwischen gibt es auch schon größere Käfige, die speziell für Nager ausgelegt wurden.

Achten Sie unbedingt auf die Größe des Käfiggitters. Für Hörnchen sollte der Gitterabstand nicht größer als 1,5 Zentimeter sein. Ideal ist eine Metallwanne am Käfigboden, die sich bei Bedarf zur Säuberung herausziehen lässt. So können Sie die Einstreu wechseln, ohne das Tier aufzuschrecken und in Unruhe zu versetzen.

Mehrere Türen an unterschiedlichen Stellen des Hörnchenheims haben sich zur besseren Durchführung der Käfigreinigung bewährt. Zumindest eine der Türen sollte dabei so groß sein, dass Sie Etagen, Häuschen und weitere sperrige Einrichtungsgegenstände gut im Käfig ein- und ausbauen können.

Ist die Inneneinrichtung im Hörnchen-Käfig gut geplant, so sind durchaus auch große Sprünge möglich, und der kleine Racker kann seinen Bewegungsdrang voll ausleben.

Nager reagieren äußerst empfindlich auf Zugluft. Zu empfehlen ist deshalb, dass der Käfig auf zwei Seiten, praktischerweise »übers Eck«, beispielsweise durch Hobbyglas oder Holz verschlossen wird. Die Tiere fühlen sich dadurch auch geschützter in ihrem Heim, weil sie sich nicht ständig nach allen Seiten absichern müssen.

Volieren aus natürlichen Materialien wie Holz sehen schön aus und passen zu fast jeder Wohnungseinrichtung.

Eine Voliere auf Rollen erleichtert Ihnen die Handhabung des Käfigs, Sie können dann ganz nach Belieben damit »rangieren«.

Selbstbau Wer handwerklich geschickt ist, kann seine eigenen Vorstellungen von »seinem« Streifenhörnchenheim im Eigenbau verwirklichen. Material dazu gibt es in jedem Baumarkt. Die Kosten solch einer Voliere im Selbstbau liegen meist nicht viel unter denen einer Fertigvoliere. Dafür können Sie das Hörnchenheim aber in Bezug auf Aussehen und Größenverhältnisse genau auf Ihre Wohnung zuschneidern.
Ob Sie sich für eine Haltung im Freien oder in der Wohnung entscheiden, bleibt grundsätzlich Ihnen überlassen. Beide Haltungsarten haben ihre Vor- und Nachteile.
Da Streifenhörnchen aus kalten bis gemäßigten Klimazonen stammen, ist die Haltung im Garten in jedem Fall ebenso artgerecht wie die Wohnungshaltung, wenn einige Dinge beachtet werden.

Außenhaltung

Draußen sind die Mindestkäfigmaße für die Hörnchenaußenhaltung sehr viel größer anzusetzen, da im Garten natürlich kein täglicher Freilauf möglich ist. Damit die Tiere trotzdem ausreichend Bewegung bekommen, sollte die Voliere mindestens eine Größe von 2 × 2 Meter Grundfläche sowie eine Höhe von ebenfalls zwei Meter besitzen. Um zu gewährleisten, dass Einrichtung und Futtervorräte nicht dem Wetter ausgesetzt sind, ist ein robustes Dach notwendig. Der Boden besteht am besten aus Stein (z. B. Fliesen) oder Beton, damit die Nager sich nicht nach draußen durchbuddeln können, ein starkes Gitter ist ebenfalls empfehlenswert. Auf jeden Fall sollten Hörnchen ihren Drang zum Graben ausleben können. Manche Halter integrieren ganz gezielt einen eingefassten Buddelbereich in die Voliere. Die Tür sollte vorsichtshalber mit einem Schloss gesichert werden können.

Eine Lösung müssen Sie vor allem für den täglichen Futterwechsel finden. Manche Halter verwenden Futterklappen oder drehbare Futtereinrichtungen. In jedem Falle muss dafür gesorgt sein, dass das Hörnchen beim Erneuern des Futters nicht aus Versehen herausschlüpfen kann und Futterreste trotzdem regelmäßig entsorgt werden können.
Die Voliere muss möglichst zugfrei im Garten stehen, zwei Käfigseiten sollten deshalb wie bei der Innenhaltung komplett abgeschirmt sein. Im Sommer darf die Sonneneinstrahlung nicht zu groß sein. Es ist empfehlenswert, dass sich große Teile des Käfigs komplett im Schatten befinden, damit der Nager keinen Hitzeschaden erleidet.
Ausreichend Tageslicht ist wichtig für Hörnchen. Von einer Haltung in einer Garage oder dunklen Scheune rate ich entschieden ab.
In der Außenhaltung muss unbedingt dafür gesorgt werden, dass dem Tier im Winter verschiedene Rückzugsmöglichkeiten geboten werden, an denen die Temperatur nicht unter 0 °C sinkt. Ebenso wenig darf das angebotene Trinkwasser einfrieren. Hörnchen, die draußen gehalten werden, halten sehr wahrscheinlich Winterschlaf. Häuschen und Unterschlüpfe müssen daher so isoliert sein, dass Nässe und Kälte nicht eindringen können.
Wichtig Streifenhörnchen, die ganzjährig im Freien gehalten werden sollen, müssen stets schon im Frühjahr oder Frühsommer eingewöhnt werden, um sich langsam an die Temperaturen draußen akklimatisieren zu können.

Die Inneneinrichtung

Streifenhörnchen sind flinke Klettertiere. Neben verschiedenen kleinen Etagen, bestehend aus Holzbrettchen an den Seitenwänden der Voliere, sind auch dickere Äste, die in den Käfig ragen,

Streifenhörnchen benötigen stets mehrere Unterschlüpfe und Verstecke in ihrer Voliere, dann haben sie freie Wahl bei der Schlafplatzsuche.

wünschenswert. Diese lassen sich entweder in Gitterlöchern verhaken oder werden mit Winkeleisen mit dem Gitter verschraubt. Korkeiche eignet sich ebenfalls hervorragend zur Gestaltung der Einrichtung und ist ein natürlicher Baustoff.
Kleintierhängematten aus dem Zoohandel oder selbst gebastelt aus einem ausrangierten T-Shirt (→ Seite 48) lassen sich gut in einer höher gelegenen Ecke der Voliere befestigen. Manche Tiere halten dort gerne ein Schläfchen ab.
Wichtig bei der Innengestaltung ist, dass dem Nager trotz Einrichtung und Spielzeug (→ Seite 47–49) stets ausreichend Freiraum gelassen wird, damit er größere Sprünge vollbringen kann. Etagen aus Holzbrettern sollten sich deshalb auch nicht durch den ganzen Käfig ziehen. Dicke Seile und Pappröhren stellen ebenfalls beliebte Kletterelemente dar und sorgen für Abwechslung.

1 Futternapf

Näpfe aus Keramik, Edelstahl oder Holz mit hohen Seitenwänden verhindern das Herausbuddeln des Futters. Für frisches Futter wie Obst bieten sich auswaschbare Näpfe an. Soll der Futternapf erhöht auf einer Etage stehen, muss er mit Draht am Gitter gesichert werden. Besonders geeignet sind Näpfe aus Metall, die sich ins Käfiggitter einhaken lassen.

2 Polstermaterial

Die Auspolsterung des Nestes übernimmt das Tier meist ganz allein. Bieten Sie ihm dazu Streifen von Küchenpapier, weiches Heu oder Kapokfasern (Zoofachhandel) an. Hamsterwatte ist nicht empfehlenswert, da das Hörnchen sich mit seinen Gliedmaßen darin verfangen könnte.

3 Unterschlupf

Vogelnistkästen, Grasnester oder spezielle Nagerhäuschen aus Holz aus dem Zoofachhandel eignen sich besonders gut als Hörnchennest. Mindestens drei Stück sind an unterschiedlichen Stellen wünschenswert, mindestens eines davon sollte in der Höhe angebracht werden.
Je mehr Häuschen dem Nager angeboten werden, desto freier kann das Tier entscheiden, wo es sich am liebsten zum Schlafen aufhält. Dadurch verteilen sich eingelagertes Futter, Kot und Urin auf mehrere Stellen, sodass man schnell mal ein Versteck reinigen kann.

4 Trinkwasser

Ein kleiner Wassernapf oder eine Nippeltränke sind gut geeignet. Jeder Nager zeigt dabei eigene Vorlieben. Wichtig ist, dass Napf und Tränke nicht durch Einstreu zugebuddelt werden können und stets einwandfreies Wasser zur Verfügung steht.

5 Ecktoilette und Einstreu

Es gibt Streifenhörnchen, die sich den Gang zur Toilettenecke antrainieren lassen. Einfach ausprobieren! Befüllen Sie eine Kleintierecktoilette mit feiner Kleintiereinstreu. Geben Sie einige Köttelchen oder gebrauchte Einstreu hinzu. Vielleicht haben Sie Glück.
Eine Hörnchentoilette erleichtert in jedem Falle die Reinigungsarbeiten. Achten Sie bei der Ecktoilette darauf, dass das Hörnchen den Kunststoff nicht benagt. In diesem Fall müssen Sie eine Holztoilette bauen. Manche Hörnchen benutzen stets dasselbe Holzhäuschen als Toilette.
Handelsübliche Kleintiereinstreu aus Holzspänen, Stroh-, Hanf- oder Maiseinstreu sind für die Hörnchenhaltung gut geeignet. Für Allergiker empfiehlt es sich, eine möglichst staubfreie Einstreuvariante auszuwählen, z. B. in Form von Einstreupellets. Von Sand als Einstreu möchte ich Ihnen entschieden abraten: Durch die spitzen Körner kann sich die empfindliche Haut zwischen den Krallen entzünden. Die Einstreu kann mit Rindenmulch, kleintiergeeignetem Torf oder ungiftigen Blättern vermischt werden, um den Boden natürlicher wirken zu lassen.

Kontrolle **des Zubehörs**

VERLETZUNGSGEFAHR Einrichtungsgegenstände sollten keine spitzen/scharfen Kanten haben, an denen sich das Hörnchen verletzen könnte.

ÄSTE sollten von ungiftigen Bäumen und Sträuchern wie z. B. Haselnuss, Weide, Birke, Kastanie oder Buche stammen und ungespritzt sein. Giftig sind beispielsweise Robinie und Goldregen.

1

2

3

4

5

Lecker und gesund

Die Nahrung eines Streifenhörnchens besteht aus einer Grundfuttermischung, Saftfutter sowie ergänzenden Futtermitteln. Ihr Ziel sollte es sein, dass das Hörnchen seinen Bedarf an Vitaminen, Mineralstoffen und Energie über das Futter deckt, ohne dass Sie künstliche Stoffe hinzufügen müssen. Ein abwechslungsreicher Speiseplan ist daher das A und O, um Mangelerscheinungen vorzubeugen. Wundern Sie sich nicht über den relativ hohen Fettgehalt der Futtermischung. Im Gegensatz zu anderen Nagern verwerten die Tiere Fette besonders gut und werden nur selten übergewichtig.

Grundfutter

Die Körnergrundmischung sollte aus Sonnenblumenkernen (ca. 40 %), Hafer (ca. 25 %), Weizen (ca. 25 %), Mais, Hirse, Hanf und Sämereien bestehen. Einige Nüsse können beigefügt werden. Hasel- oder Walnuss- sowie Cashew-, Kürbis- oder Pinienkerne eignen sich besonders gut. Bei Erdnüssen muss darauf geachtet werden, dass die Nüsse frei von Pilzsporen sind. Bittermandeln sollten nicht angeboten werden (giftig!). Die im Zoofachhandel angebotenen Fertigfuttermischungen sind in jedem Falle grundsätzlich zu empfehlen.
Eicheln, Hagebutten oder Bucheckern können Sie auch selbst im Wald sammeln und unters Futter mischen. Wenn Sie unsicher sind in der Bestimmung der Baumsamen, können Sie solche Mischungen auch fertig im Handel kaufen.
Die Zubereitung selbst hergestellter Grundfuttermischungen lohnt sich meist nur in größerer Menge.

1 SAFTFUTTER Obst und Gemüse sind auch für Streifenhörnchen gesund. Beides sollte auf dem Speisezettel nicht fehlen.

2 GRUNDFUTTER Es empfiehlt sich, die Körnermischung fertig im Zoohandel zu kaufen. So ist sichergestellt, dass alles Notwendige darin enthalten ist.

3 LECKERBISSEN Eine Knabberkette lässt sich mit ganz einfachen Mitteln selbst herstellen. Ihr Hörnchen wird begeistert sein!

Da Hörnchen aber am Tag nicht viel fressen, muss eine große Futtermenge eingelagert werden. Vitamine und andere Ernährungsbestandteile besitzen aber meist nur eine begrenzte Lebensdauer. Deshalb rate ich eher dazu, immer frische fertige Futtermischungen aus dem Handel zu verwenden.

Tipp Körnerfutter gut verschlossen aufbewahren! Mehlmotten nisten sich gern dort ein und sind häufig nur schwer aus der Wohnung zu vertreiben.

Saftfutter

Hörnchen haben eine Vorliebe für leckere Obststückchen und Beeren. Obst jeder Art – außer Zitronen – dürfen Sie Ihrem Hausgenossen täglich anbieten. Beeren wie Johannis-, Erd-, Him- und Brombeeren sind besonders beliebt. Bei sämtlichen Obstsorten (auch Weintrauben!) sind vor der Verfütterung allerdings die blausäurehaltigen Kerne zu entfernen. Honig- oder Wassermelone dürfen natürlich mit Kernen verfüttert werden.

Da einige Hörnchen neben Körnern auch Saftfutter in ihre Häuschen einbunkern, müssen Reste regelmäßig entfernt und auch die Unterschlüpfe auf eingelagertes Obst hin kontrolliert werden. Saftfutter schimmelt oder gärt sehr schnell. Bei manchen Tieren hat es sich bewährt, das Obst mit einer Klammer am Käfig zu befestigen oder dieses nur aus der Hand zu verfüttern. So kommen die kleinen Sammler gar nicht erst in Versuchung!

Zusätzlich zum Obst fressen einige Streifenhörnchen auch Gemüse wie Möhren, Gurke, Paprika oder Tomaten. Probieren Sie es einfach einmal aus. Ebenso werden Löwenzahnblätter oder Vogelmiere von einigen Hörnchen gerne angenommen.

Frische Zweige von Haselnuss, Weide, Birke oder Obstbaum benagen Hörnchen ebenfalls gern, sie fressen sogar Teile von Rinde und Trieben.

Wichtig Trotz der täglichen Saftfuttergabe benötigt Ihr Schützling zusätzliches Trinkwasser.

Lebensnotwendiges Eiweiß

Auch wenn ein Hörnchen in freier Natur nur ab und zu eine kleine Eiweißportion in Form eines Insekts zu sich nimmt, ist tierisches Protein sehr wichtig für

Eine ideale Nahrungsergänzung stellt die Golliwoog-Pflanze dar. Sie ist ebenfalls im Zoofachhandel zu beziehen.

den Erhalt seiner Gesundheit. Im Zoofachhandel bekommen Sie in der Regel Mehlwürmer oder Heimchen, die als frische Eiweißquelle dienen kön-

nen. Zwei bis drei Mehlwürmer können täglich verfüttert werden. Ein Heimchen deckt sogar den Eiweißbedarf für eine ganze Woche. Hin und wieder kann aber auch ein Tag Pause bei der Eiweißfütterung eingelegt werden.
Wenn Sie Probleme damit haben, lebende Insekten zu verfüttern, kann alternativ auch eine kleine Menge Trockenfutter für Katzen (Hühnchenfleisch mit möglichst wenigen Zusatzstoffen) oder rohes, geschabtes Rindfleisch angeboten werden. Alternativ bietet sich Aufzuchtfutter für insektenfressende Vögel an, das getrocknete Insekten enthält.
Die Vorlieben eines jeden Hörnchens sind in Bezug auf die Proteinkost sehr unterschiedlich. Es kann Ihnen passieren, dass Ihnen gar nichts anderes übrig bleibt, als ausschließlich Mehlwürmer zu verfüttern, da Ihr Hörnchen alles andere ablehnt.
Von der Empfehlung, Milchprodukte wie Joghurt zu verfüttern, halte ich persönlich nichts. Milcheiweiß von Kühen sowie der enthaltene Milchzucker (Laktose) sind keine natürliche Proteinquelle für Hörnchen und können eher schaden als nützen. Es besteht auch keine Notwendigkeit, diese Produkte zu verfüttern, da es ausreichende Alternativen gibt.
Tipp Zum Verfüttern der Mehlwürmer können Sie eine Pinzette verwenden, so müssen Sie die kleinen Tierchen nicht direkt anfassen. Mehlwürmer sollten kühl in einem Glas mit Deckel aufbewahrt und regelmäßig mit einer rohen Kartoffelscheibe, Haferflocken oder Mehl gefüttert werden.

Natürliche Leckereien, zum Beispiel in Form einer Knabberstange, stehen bei Streifenhörnchen ganz hoch im Kurs.

Leckerei für zwischendurch

Als kleines Extra oder als Zähmungsmittel sind Leckerchen aus unserer Heimtierhaltung kaum wegzudenken. Das ist auch völlig in Ordnung. Allerdings sollte es sich dabei um möglichst natürliche Produkte handeln. Ein Hörnchen ist von einer Extranuss oder ein paar getrockneten Melonenkernen mehr als begeistert und benötigt keine künstlich hergestellten Süßigkeiten. Am besten sind stets Produkte, die von der Zusammensetzung her den gesunden Ernährungsansprüchen eines Hörnchens entsprechen, aber in besonderer Form, z. B. als Knabberstangen, angeboten werden. Diese gibt es im Zoofachhandel in größerer Auswahl. Zuckerzusätze sollten keine enthalten sein. Bitte achten Sie darauf! Manche Hörnchenhalter stellen ihre Knabberstangen selbst her und veröffentlichen die Rezepte im Internet (→ Seite 62). Auf Seite 48 erfahren Sie, wie Sie Plätzchen selbst herstellen können. Süßigkeiten für Menschen sollten ein Tabu sein.

Zusätze nötig?

Bei abwechslungsreicher Ernährung sind Zusatzvitamine unnötig. Eine Überdosierung – insbesondere fettlöslicher – Vitamine kann schädlicher sein als vorübergehender Vitaminmangel. Ein Mineralstein ist ebenfalls überflüssig, wenn dem Hörnchen regelmäßig frische Zweige zur Verfügung stehen. In deren Rinde befinden sich viele wichtige Mineralien und Spurenelemente. Einen Salzstein akzeptieren viele Hörnchen gern, er ist nicht schädlich.

Futterverhalten

Als Streifenhörnchen-Neuling werden Sie sich sicherlich wundern, wie schnell Ihr neuer Mitbewohner den Futternapf leert und selbst größere Nüsse schon bald nach dem Befüllen einfach verschwunden sind. Lassen Sie sich davon nicht beeindrucken oder dazu verleiten, den Futternapf wieder neu aufzufüllen! Die kleinen Sammler machen Gebrauch von ihren Backentaschen und lagern alles Fressbare für schlechte Zeiten ein. Das Futter wird dabei entweder vergraben oder im Häuschen gebunkert. Frustrieren Sie das Hörnchen aber nicht, indem Sie das eingebunkerte Körnerfutter gleich wieder ausgraben und erneut anbieten …

Trinkwasser

Auch wenn die Nager durch das Saftfutter schon Flüssigkeit aufnehmen, sollte ihnen stets frisches Trinkwasser zur Verfügung stehen. Täglich sollte das Wasser erneuert werden, auch dann, wenn Ihr Hörnchen Winterschlaf hält.

Speiseplan für Hörnchen

NAHRUNGSDOSIERUNG	
GRUNDFUTTER-MISCHUNG UND NÜSSE	Täglich zwei bis drei gehäufte Esslöffel von der Körnerfuttermischung, vermischt mit verschiedenen Sorten von Nüssen. Vieles davon wird aber nur gebunkert und nicht gefressen.
SAFTFUTTER	Kleinere Stückchen Obst und Gemüse sollten täglich frisch angeboten werden. Kohlsorten vermeiden wegen Blähgefahr!
EIWEISS-HALTIGE NAHRUNG	Zwei bis drei Mehlwürmer pro Tag darf das Hörnchen fressen, hin und wieder sollte ein Tag Pause eingelegt werden.
PÄPPELBREI	Babybrei aus Getreide und Obst wird mit gemahlenen Nüssen und einem Klecks Honig vermischt. Nur nach Rücksprache mit dem Tierarzt verfüttern!
GELEGENTLICH	Alte Zweige durch frische ersetzen. Manche Hörnchen nehmen Salzlecksteine gerne an.
TRINKWASSER	Täglich erneuern.

Pflege-Einmaleins

Glücklicherweise riechen Streifenhörnchen selten unangenehm. Wer die Reinigungsarbeiten regelmäßig durchführt, wird kaum jemals Urin- und Kotgeruch wahrnehmen. Während der Pflegearbeiten kann Ihr kleiner Mitbewohner ruhig im Käfig belassen werden, wenn er nicht gerade in »herbstlicher Stimmung« ist. Oft bekommt man den Eindruck, dass das Hörnchen gerne mithelfen möchte, da es mit großer Neugier die Reinigungsarbeiten verfolgt und manchmal mit »Hand« anlegt. Aber das werden Sie ja selbst sehen ...

Käfig-Pflege

Da das Tier sich häufig eine Toilettenecke von selbst aussucht oder aber eine Nager-Ecktoilette benutzt, ist die Pflege des Käfigs wenig aufwendig. Ein- bis zweimal wöchentlich sollte diese Ecke gesäubert, die gesamte Einstreu etwa alle vier bis sechs Wochen erneuert werden. Wenn das Hörnchen keine bevorzugte Toilettenecke hat, muss die Bodeneinstreu natürlich häufiger gewechselt werden.

Zum Auswaschen der Bodenwanne eignet sich ein feuchter Schwamm. Ein bestimmtes Reinigungsmittel ist nicht notwendig und würde den empfindlichen Geruchssinn des Nagers nur irritieren. Futtergefäße sowie Gegenstände aus Metall können durchaus mit einem milden Spülmittel gereinigt und mit Wasser nachgespült werden.

Damit Etagen aus Holz gar nicht erst den Uringeruch annehmen, empfiehlt es sich, diese schon im Vorfeld mit Spielzeuglack (ungiftig selbst bei Aufnahme durch das Tier) einzupinseln. So lassen sie sich prima mit einem Schwamm abwaschen.

Die Häuschen werden in der Regel vom Hörnchen selbst gut sauber gehalten. Trotzdem sollten Sie regelmäßig einen Blick hineinwerfen. Falls sich Obst oder Gemüse darin befindet, muss dieses entfernt werden. Sämtliches weitere Käfiginventar kann unter fließendem Wasser gereinigt und trocken wieder zurück in den Käfig gebracht werden.

Pflegeplan im Überblick

› **Täglich** Bitte Futter und Wasser wechseln.

› **Ein- bis zweimal pro Woche** Die Toilettenecke reinigen, das Häuschen kontrollieren, und den Futternapf unter Wasser reinigen.

› **Alle vier bis sechs Wochen** Komplette Einstreu im Käfig erneuern, eventuell eines der Häuschen und weiteres Käfigzubehör reinigen.

› **Zweimal im Jahr** Die Kletteräste erneuern.

› **Hinweis** Im Winter, falls Ihr Hörnchen einen Winterschlaf abhält, sind kompletter Einstreuwechsel und die Reinigung des Käfiginventars entsprechend weniger häufig nötig.

Häuschen-**Reinigung**

IMMER NUR EINES! Aus Rücksicht auf das Streifenhörnchen darf immer nur eines der Häuschen gereinigt werden und nicht alle Unterschlüpfe auf einmal. Es versteht sich außerdem von selbst, dass man ein Streifenhörnchen nicht aus dem Häuschen, in dem es sich gerade aufhält, vertreibt, nur um dieses sauber zu machen oder auf Nahrungsreste zu kontrollieren.

KÖRPERPFLEGE Streifenhörnchen benötigen weder ein Wasser- noch ein Sandbad, um ihr Fell gesund und sauber zu halten. Mit den eigenen Zähnen und dem Speichel wird das Fell durchkämmt und gereinigt – dies reicht vollkommen aus. Die Vorder- und Hinterpfoten sind perfekt zum Kratzen geeignet. Bei der Körperpflege verteilt das Streifenhörnchen zudem seinen ganz eigenen Körperduft, der von Drüsen in der Haut nach außen ausgeschieden wird, über den ganzen Körper.

KOPFWÄSCHE Mit den Vorderpfoten pflegt das Streifenhörnchen den gesamten Kopfbereich. Dazu werden die Innenflächen der Vorderärmchen im Grunde benutzt wie kleine »Waschlappen«, die hinter den Ohren aufgesetzt werden und dann das Fell bis hin zur Nase mit Hilfe von Streichbewegungen reinigen. Dabei werden Krusten, Verklebungen oder Verschmutzungen von Ohren, Augen und Nase erfolgreich entfernt.

MANIKÜRE Die Pflege der Krallen übernimmt der Nager. In freier Natur wetzen sie sich durch Laufen und Klettern über raue Oberflächen ab. Deshalb regelmäßig Krallenlänge kontrollieren!

Fit und gesund

Ob im Freilauf oder in der Außenvoliere: Streifenhörnchen lieben die Bewegung und brauchen sie zum Erhalt ihrer Gesundheit. Ob beim Buddeln, Klettern oder Graben, Ihr neuer Hausgenosse ist ganz wild darauf, seine körperlichen Fähigkeiten unter Beweis stellen zu dürfen.

Bewegung ist Trumpf!

Der tägliche Auslauf im Zimmer ist ein sehr wichtiger Bestandteil in der Streifenhörnchenhaltung. Diese körperliche Aktivität kann auch nicht durch ein Laufrad ersetzt werden.
Ist der erste Freilauf erfolgreich verlaufen (→ Seite 31), können Sie in den folgenden Wochen verschiedene Beschäftigungsmöglichkeiten für Ihr Hörnchen ausprobieren, die ich Ihnen auf den nächsten Seiten vorstellen möchte.

Spielen Hörnchen mit Menschen?

Diese Frage kann nicht mit einem einfachen Ja oder Nein beantwortet werden. Viele Tiere mögen die Beschäftigung gerne, die sich durch neue Gegenstände, gebasteltes Spielzeug oder Käfiginventar ergibt. Auch sind einige Streifenhörnchen bereit, sich von ihrem Halter gewisse Verhaltensabläufe antrainieren zu lassen. Das gilt ganz besonders dann, wenn ein Leckerchen zur Belohnung in Aussicht gestellt wird.
Man darf das Verhalten von Streifenhörnchen jedoch nicht vermenschlichen. Es steckt meist schlicht und ergreifend der Futter- und Sammeltrieb der Tiere hinter bestimmten Verhaltensmustern und nicht der Spaß am Spiel, auch wenn es in unseren Augen anders erscheinen mag.
Respektieren Sie diese Tatsache stets beim Umgang mit dem Tier, damit Sie es nicht mit Ihrer Erwartungshaltung überfordern und dann selbst enttäuscht sind. Dennoch gilt natürlich: Je mehr und je länger Sie sich täglich mit dem kleinen Racker beschäftigen, desto zutraulicher wird er. Jede Art von Spiel fördert das gegenseitige Vertrauen. Nach vielen Stunden gemeinsamer Beschäftigung werden Sie beide sich so gut kennen, dass jeder die Gesten des anderen versteht.

Gefahren in Haushalt und Garten

QUELLE	DAS KANN PASSIEREN
STROMKABEL	Achtung Stromschlag! Elektrokabel sollten so verstaut werden, dass Streifenhörnchen sie nicht benagen können.
FENSTER UND TÜREN	Die flinken Nager können sich dort durch Einklemmen schwere Verletzungen zufügen oder nach draußen gelangen.
HEIZUNG UND LAMPEN	Vorsicht! Schnell hat sich ein Hörnchen durch zufälligen Kontakt an heißen Gegenständen verbrannt.
MEDIKAMENTE	Lassen Sie niemals Tabletten einfach herumliegen! Das Hörnchen könnte diese als Futter ansehen und probieren.
GIFTPFLANZEN	Kontrollieren Sie Ihre Zimmerpflanzen vor dem ersten Freilauf auf ihre Ungefährlichkeit. Viele beliebte Topfpflanzen sind bei Verzehr für Tiere giftig.
VASEN	Streifenhörnchen können in Blumenvasen ertrinken, wenn sie sich nicht mehr selbst befreien können.
MENSCH	Bitte Vorsicht, wenn ein Streifenhörnchen frei im Zimmer herumläuft! Besonders beim Hinsetzen besteht die Gefahr, ein Tier zu zerquetschen oder zu erdrücken.
BADEZIMMER UND KÜCHE	Sind grundsätzlich für den Freilauf nicht zu empfehlen, da dort zu viele Gefahren lauern.

Langeweile? Nie!

Nun ist Ihr kleiner Hausgenosse schon richtig zahm und genießt seinen täglichen Freilauf sichtlich. Auch wenn es dem kleinen Kerl im Auslauf kaum langweilig wird, können Sie versuchen, ihn zu kleinen Spielchen zu verlocken. Natürlich darf das Hörnchen dabei selbst entscheiden, ob es dazu Lust hat oder lieber allein auf Entdeckertour geht.

Hörnchen-Fußball Man nehme einen Tischtennisball, stelle die Finger auf den Tisch und gehe mit dem Zeigefinger in Schussposition. Viele Streifenhörnchen finden solche kleinen Matches klasse und sind einige Zeit eifrig mit Kicken beschäftigt. Zu dumm, dass man den Ball nicht einfach zwischen die kleinen Beißerchen klemmen kann!

Schatz ausheben Ein kleiner Karton (z. B. Schuhkarton) wird mit ein paar leckeren Nüssen und etwas Heu befüllt und an allen offenen Seiten mit ungiftigem Kreppband verschlossen. Zwei kleine Öffnungen werden in den Deckel hineingeschnitten. Nun hat der Nager ordentlich daran zu arbeiten, die leckeren Schätze aus dem Karton zu bergen und ins Nestchen zu tragen.

Innenarchitekt Legen Sie nach der nächsten Häuschenreinigung das Polstermaterial im Zimmer aus, anstatt dieses bereits ins Nest hineinzulegen. Der Nager wird sich so sein Heim nach eigenen Vorstellungen selbst auspolstern müssen.

Eine Stufe schwieriger wird es noch, wenn das Polstermaterial im Freilauf erst erarbeitet werden muss, z. B. in Form von Faserwatte aus einer Kapokschote (Zoofachhandel).

Clicker-Training Was bei Hunden funktioniert, klappt tatsächlich auch bei den Streifenhörnchen. Verwenden Sie als Clicker für Hörnchen z. B. einen

Kugelschreiber mit Klickfunktion, den Deckel eines Gläschens für Babynahrung (Klicken beim Daraufdrücken) oder ähnliche Geräte, die ein ganz spezielles kurzes Geräusch machen. Die handelsüblichen lauteren Clicker für Hunde verursachen bei einigen Hörnchen Angst.
Manche Tiere reagieren auch auf das Rascheln eines Kirschkernsäckchens oder einer mit Körnern gefüllten kleinen Dose. Was Sie verwenden, hängt also ganz von Ihnen selbst ab. Es geht nur darum, dass das Hörnchen bei dem ungewohnten Geräusch aufhorcht und durch weiteres Training darauf konditioniert wird, eine bestimmte Geste oder Bewegung auszuführen.
Besonders erfolgreich sind Sie natürlich mit Leckerchen als Belohnung. Starten Sie das Clicker-Training also damit, dass der Nager nach jedem Klick ein Leckerchen erhält. Erst aus nächster Nähe, dann aus der Entfernung. Sie werden staunen, wie schnell ein Streifenhörnchen die Abfolge verstanden hat und nun bei jedem »Klick« freudig angehüpft kommt. Manchen Tieren kann man auch kleinere Kunststücke antrainieren, wobei Hörnchen natürlich keine Zirkuspferde sind und das Training nicht übertrieben werden sollte.

Trainingsparcours Spannen Sie ein dickeres Seil durch den Raum und üben Sie den Lauf darüber als erstes Hindernis per Clicker ein. Dann stellen Sie verschiedene zu erkletternde Gegenstände hintereinander auf und trainieren Sie eins nach dem anderen mit dem Hörnchen. Erweitern Sie den Hürdenlauf jeweils nur dann um eine weitere Station, wenn das Hörnchen den Ablauf verstanden hat und noch freudig bei der Sache ist. Probieren Sie aus, inwieweit der kleine Racker Spaß hat, zwingen Sie ihn niemals zu irgendeiner Handlung. Es gibt Tiere, die lieber frei im Zimmer herumhüpfen möchten. Das sollte von Ihnen respektiert werden!

1 TORJÄGER So manches Streifenhörnchen entpuppt sich nach näherem Kennenlernen als passionierter Kicker. Spielen Sie doch einfach mit!

2 AKROBAT Mithilfe seiner spitzen Krallen und seines Schwanzes, den das Hörnchen zum Ausbalancieren verwendet, schafft es die tollsten Übungen ohne herunterzufallen.

3 KLETTERMAX Selbst senkrechte Hürden sind für den kleinen Nager nur eine kleine Herausforderung, die er ohne Probleme meistert.

Fitnessparcours & Spielplatz

Schon mit wenig Geld können Sie eine spannende Inneneinrichtung im Käfig gestalten, denn auch innerhalb der Voliere sollte das Hörnchen seinen Bewegungsdrang und seine Geschicklichkeit ausleben dürfen. Durch diese Maßnahme beugen Sie Verhaltensanomalien und Körperfehlhaltungen vor.

1 Hängematte

Ein ausrangiertes T-Shirt oder ein Küchenhandtuch wird an den Ecken verknotet und in einer Käfigecke als Hängematte aufgespannt.

2 Labyrinth

Mithilfe von Toiletten- oder Küchenpapierröhren können ganze Röhrensysteme hergestellt und in der Einstreu vergraben werden. Nur zwei Öffnungen nach oben hin ermöglichen dann den Ein- und Ausstieg aus diesem geheimnisvollen und reizvollen Röhrenlabyrinth.

3 Papphöhle

Ein Luftballon wird aufgepustet und von außen mit vielen Lagen feuchten Papiers beklebt. Über Nacht trocknen lassen und dann den Ballon zum Platzen bringen. Nun können mit Hilfe einer Schere Fenster und Türen hineingeschnitten werden. Wenn Sie die Kugel halbieren, können Sie daraus auch zwei Papier-Iglus für den Käfig herstellen.

4 Röhrenversteck

In eine Küchenpapierrolle werden Nüsse gelegt und diese von beiden Seiten mit Heu und Papier zugestopft. So muss das Hörnchen sich die Leckerbissen erst erarbeiten.

5 Buddelkiste

Je nach Beschaffenheit des Bodens im Käfig darf eine Buddelkiste im Hörnchenheim oder im Freilauf nicht fehlen. Das Tier sollte dort die Möglichkeit haben, seinen Drang, zu wühlen und zu graben, ausleben zu können. Stellen Sie dazu eine mindestens 40 Zentimeter hohe Metall- oder Keramikwanne in eine Ecke des Hörnchenheims. Kunststoff nur verwenden, wenn das Hörnchen nicht daran nagt! Befüllen Sie die Wanne mit kleintiergeeignetem Torf oder Erde, die frei von Düngemitteln, Zusatzstoffen oder Schädlingen ist. Einige Hörnchenhalter schwören auf Ziegel aus Kokosfasersubstrat aus der Terraristikabteilung ihres Zoohandels. Dieses muss aber in jedem Falle den Vermerk »für Tiere geeignet« auf der Verpackung stehen haben, um giftige Zusatzstoffe ebenfalls auszuschließen. Diese Ziegel werden vor der Verwendung in Wasser angefeuchtet und quellen auf. Wichtig ist, dass das Kokossubstrat nur noch feucht und nicht triefend nass in die Wanne gelegt wird, da es sonst zu Schimmelbefall kommen könnte.

Rezept **Hörnchenplätzchen**

DAS SCHMECKT 100 g Haferflocken, 50 g Getreideschrot, 20 g Hirse, 20 g Sesam, 1 geraspelte Möhre, ein paar ungeschwefelte Rosinen, 1 Ei, etwas Wasser
Alle Zutaten vermischen und mit Wasser zu einem glatten Teig verrühren. Den Teig dick ausrollen und Plätzchen ausstechen. Bei 170 °C ca. 12–15 Min. backen und abkühlen lassen.

1

2

3

4

5

Wieder einfangen, aber wie?

Gerade in der Anfangszeit kann es Ihnen passieren, dass Ihr Hörnchen so viel Spaß am Freilauf hat, dass es nicht die geringste Lust verspürt, wieder in seinen Käfig zurückzukehren. Dann ist guter Rat gefragt, denn Streifenhörnchen sind flink und wendig. Und natürlich möchten Sie nicht das hart erarbeitete Vertrauen bei dem kleinen Pelztier wieder zunichte machen mit einer einzigen stressigen Einfangaktion.

Zum Glück gibt es ein paar Tricks, die Sie anwenden können, um den begeisterten Freigänger zur Rückkehr zu »überreden«:

› **Spur aus Futter** Legen Sie Leckerbissen, die Ihr Nager besonders gerne verspeist, in einer Art Fährte bis zum Käfigeingang. Das Hörnchen verfolgt dann den vorgegebenen Weg, füllt seine Backen mit Futter und möchte dieses dann in seiner Vorratskammer unterbringen. Sobald es im Käfig ist, können Sie die Tür verschließen.

› **Bunkertrick** Bieten Sie dem Hörnchen einen riesigen Berg an frischen Nüssen an. Voller Begeisterung wird es diese bis zum Anschlag in seine Backen stopfen und in seinem Käfig bunkern wollen. Das funktioniert natürlich nur, wenn der Nager akzeptiert hat, dass er Nahrungsmittelvorräte aus-

Manchmal ist die Freude am Freilauf so groß, dass das Streifenhörnchen nur mit Tricks dazu überredet werden kann, wieder in sein eigenes Reich zurückzukehren.

schließlich in seiner Voliere anlegen darf und nicht in der Umgebung im Zimmer.

› **Dämmerungstrick** Manche Hörnchen lassen sich zur Rückkehr in den Käfig bewegen, wenn im Zimmer durch Rollläden oder dichte Gardinen künstlich ein Dämmerzustand erzeugt wird.

Ob und welche Methode bei Ihrem Hörnchen funktioniert, lässt sich nicht voraussagen. Grundsätzlich ist es aber so, dass die Tiere im Laufe der Zeit zahmer werden und man sie schließlich mit Leckerchen auf die eigene Hand locken und dann rasch zur Voliere zurücktragen kann.

Falls dennoch alle Tricks nicht helfen sollten, der Racker Sie immer noch freudig vom Sofa anzugrinsen scheint und Sie aber wegen eines Termins nicht länger warten können, empfiehlt es sich, für Notfälle einen Kescher mit grobem Netz, damit sich das Tier nicht darin verheddert, bereitzuhalten. Ein Paar Handschuhe sollten Sie bei dieser Aktion auch tragen, da ein in die Enge getriebenes Hörnchen beißen kann. Hat das Tier unter stressfreien Bedingungen im Freilauf bereits Bekanntschaft mit dem Kescher gemacht, wird es keine große Angst vor dem Netz haben. Keineswegs sollten Sie versuchen das Streifenhörnchen zu jagen oder mit den eigenen Händen einfangen zu wollen!

Urlaub, was nun?

Kümmern Sie sich unbedingt schon frühzeitig um eine geeignete Urlaubsbetreuung für Ihr kleines Haustier. Da Sie Ihr Streifenhörnchen nicht mit in den Urlaub nehmen können, sollte die Betreuungsperson etwa alle zwei Tage zu Ihnen nach Hause kommen können, um nach dem Rechten zu sehen. Futter und Wasser sollten dabei stets erneuert werden. Geben Sie der Pflegeperson für eventuelle Fragen diesen Ratgeber zur Hand.

Gefährliches Mobiliar

TIPPS VON DER HÖRNCHEN-EXPERTIN
Alexandra Beißwenger

UNGEEIGNETES SPIELZEUG Bei der Auswahl des Spielzeugs – auch dem im Freilauf verwendeten – sollten Sie darauf achten, dass dieses unlackiert und naturbelassen ist. Spitze Kanten oder herausstehende Nägel können zu schlimmen Verletzungen führen und haben auf, an oder in artgerechten Spielsachen für Hörnchen nichts zu suchen.

LAUFRAD Ich rate bei Streifenhörnchen von der Verwendung eines Laufrads ab, sei es auch noch so verletzungssicher konstruiert. Die Nager sollten ihren Bewegungsdrang im täglichen Freilauf ausleben dürfen. Bei dieser Tierart kann es durch ein Laufrad in der Voliere zu stereotypen Verhaltensauffälligkeiten kommen. Schließlich wollen Hörnchen laufen, springen und klettern!

ACHTUNG KUNSTSTOFF Manche Hörnchen benagen Gegenstände aus Plastik. Dabei könnten kleine Plastikteile verschluckt werden, die sehr gefährlich für das Tier werden können. Am besten ist es, wenn Sie gleich ganz auf Kunststoffteile verzichten!

Gesundheitscheck

Streifenhörnchen sind glücklicherweise nicht allzu krankheitsanfällig und besitzen ein gut funktionierendes Immunsystem. Dennoch sollte jeder Halter in der Lage sein, einen kurzen Gesundheitscheck bei seinem Schützling durchführen und erste Krankheitsanzeichen erkennen zu können.
Lassen Sie sich dadurch aber nicht verleiten, selbst Diagnosen bei Ihrem Haustier zu stellen. Allerdings können Sie durch diese Vorgehensweise bei den entsprechenden Symptomen schon frühzeitig reagieren und eventuell rechtzeitig einen Tierarzt um Rat fragen.

Abgerissene **Schwanzhaut**

NIEMALS darf beim Einfangen ein Streifenhörnchen am Schwanz angefasst werden!
Die Schwanzhaut ist so dünn, dass sie schon unter leichtem Zug abreißt und in der Folge nur noch die knöcherne Schwanzwirbelsäule übrig bleibt. Ein Hörnchen benötigt seinen Schwanz jedoch zum perfekten Ausbalancieren seiner Bewegungsabläufe.
Passiert es Ihnen unglücklicherweise doch einmal, beobachten Sie das übrig gebliebene nackte Schwanzteil in den folgenden Tagen gut. Es sollte von selbst eintrocknen und abfallen. Manchmal befreit sich das Hörnchen auch selbst vom trockenen Teil, und ein kleiner Stumpf bleibt zurück. Falls der Stumpf zu nässen beginnt oder anschwillt, sollte auf jeden Fall ein Tierarzt um Rat gefragt werden.

Beurteilen Sie als Erstes das Allgemeinbefinden des Streifenhörnchens. Es sollte aufmerksam und neugierig erscheinen und sich nicht lustlos in einer Ecke verkriechen. Als Nächstes nehmen Sie einen Gesundheitscheck des gesamten Körpers vor. Damit man nichts vergisst, habe ich es mir zur Regel gemacht, von vorne nach hinten die einzelnen Körperteile zu kontrollieren:
Nasenspiegel Die Haut sollte unverletzt, trocken und ohne Verkrustungen erscheinen. Entzündungen der oberen Atemwege zeigen sich bei Hörnchen häufig wie bei uns mit Schnupfen und Ausfluss aus der Nase. Bei schweren Erkrankungen ist zusätzlich ein unnatürliches Atemgeräusch hörbar.
Zähne Die Schneidezähne wachsen bei den Tieren ein Leben lang nach und werden durch stetige Kaubewegungen und das Benagen von Gegenständen auf die richtige Länge abgerieben. Haben Sie bei der Zahnkontrolle den Eindruck, dass der Biss schief ist oder die Zähne zu lang sind, sollte Ihr Tierarzt einen Blick darauf werfen.
Augen Das Hörnchen sollte Sie mit offenen Augen klar ansehen können. Schlieren, helle dicke Krusten rund um das Auge oder sichtbare weiße Flecken auf der Hornhaut oder der Linse sind Krankheitsanzeichen und sollten vom Tierarzt vorsichtshalber untersucht werden.
Ohren Befinden sich deutlich sichtbare, schwarzbraune Verkrustungen im äußeren Gehörgang, könnte das unter Umständen ein Zeichen für einen Parasitenbefall sein.
Krallen Scharf und spitz dürfen sie sein. Nutzen sie sich zu wenig von selbst an Gegenständen ab, können sie zu lang werden. Mit überlangen Krallen

Zur Zahnkontrolle halten Sie ein Leckerchen fest über den Hörnchenkopf. Beim Haschen nach dem Snack werfen Sie einen Blick auf die Zähne.

Ein zahmes Streifenhörnchen können Sie problemlos einmal monatlich auf die Waage stellen. So haben Sie stets einen guten Überblick über sein Gewicht.

läuft der Nager Gefahr, an Stoffen hängen zu bleiben und sich die Gliedmaßen zu verletzen. Versuchen Sie bitte nicht, selbst die Krallen zu kürzen! Bei Streifenhörnchen verläuft sowohl ein Blutgefäß als auch ein Nerv am Krallenansatz, beide sind kaum sichtbar. Außerdem besitzt nur Ihr Tierarzt eine geeignete spezielle Krallenschere, die ein Splittern des Nagels verhindert.

Fell Das Hörnchenfell sollte glatt, glänzend und ohne haarlose Stellen erscheinen. Weder Krusten noch auffallend viele Schuppen dürfen erkennbar sein. Gerötete haarlose Stellen mit oder ohne Krusten sind fast immer ein Zeichen für eine Hauterkrankung. Ob es sich um Parasiten, einen Pilz oder eine Allergie handelt, kann nur Ihr Tierarzt nach eingehender Untersuchung entscheiden.

Streifenhörnchen sind übrigens sehr reinliche Tiere und sorgen ganz allein für ihre Fell- und Körperpflege. Dazu benötigen sie kein Wasser- oder Sandbad.

After Zahme Tiere können Sie in der Hand selbst untersuchen. Ein scheues Hörnchen kann in einem ruhigen Moment im Käfig betrachtet werden. Die Aftergegend sollte bei gesunden Tieren trocken, ohne Verschmierungen oder haarlose Bezirke sein. Alles andere spricht für Verdauungsstörungen. Schauen Sie sich bei Verdacht auch die kleinen Kotbällchen an, ob sie möglicherweise sehr weich oder hell erscheinen. Beobachten Sie Durchfall bei Ihrem Haustier, so können Sie eine Kotprobe mit zum Tierarzt bringen. Der kann dann den genauen Krankheitserreger ermitteln.

Gewichtskontrolle

Zahme Hörnchen lassen sich recht gut regelmäßig auf einer Küchenwaage wiegen. Haben Sie den Verdacht, dass der Nager irgendetwas ausbrütet oder auch bei bereits diagnostizierter Erkrankung, empfiehlt es sich, das Gewicht regelmäßig wöchentlich zu kontrollieren. Ausgewachsene Streifenhörnchen wiegen zwischen 90 bis 125 Gramm. Eine Gewichtsabnahme von 20 Gramm macht also im Verhältnis zur Körpermasse schon recht viel aus.

Gesundheitsvorsorge

Sie haben den Verdacht, dass mit Ihrem Schützling irgendetwas nicht stimmt? Warten Sie in diesem Fall nicht mit dem Gang zum Tierarzt. Nagetiere zeigen Krankheitssymptome meist erst, wenn sie schon richtig erkrankt sind. Dann ist schnelles Handeln angesagt! Für den Besuch beim Tierarzt sollten Sie sich auf folgende Fragen vorbereiten:

› Welche Symptome zeigt das Tier?
› Wie lange ist das Hörnchen schon krank?
› Wurde etwas in der unmittelbaren Umgebung des Tieres verändert? Denken Sie dabei insbesondere an einen Futterwechsel, neue Reinigungsmittel oder neues Käfiginventar.
› Wann treten die Beschwerden auf?

Medikamente eingeben

Der Tierarzt wird Ihr Streifenhörnchen nach dem Vorbericht eingehend untersuchen und dann meist eine Diagnose stellen können. Geeignete Medikamente erhalten Sie in seiner Praxis. Lassen Sie sich erklären, wie Sie diese zu Hause eingeben oder anwenden können, da das bei scheuen Tieren even-

Nach einem Sturz sollten Sie besonders darauf achten, dass das Hörnchen in der Folgezeit ein normales Fress- und Spielverhalten zeigt.

tuell nicht so einfach ist. Unbedingt sollten Sie auf Vorsichtsmaßnahmen wie das Tragen von Lederhandschuhen achten.

Möglicherweise benötigt das Hörnchen besonderes Futter, wie z. B. einen Päppelbrei (→ Seite 41), wenn es nicht fressen möchte. Dann muss der Nager ebenfalls mit Handschuhen in einem kleinen Handtuch vorsichtig festgehalten werden. Mit einer Spritze ohne Nadel oder einer Pipette wird die Ersatznahrung in die seitliche Mundspalte hinter die Schneidezähne gespritzt. Dabei muss unbedingt darauf geachtet werden, nicht zu viel auf einmal zu geben, damit nichts aus Versehen in die Luftröhre gerät.

Häufige Erkrankungen

Generell sind unsere Hörnchen recht robust. Wenn sie dennoch einmal erkranken, handelt es sich meist um Atemwegsinfekte, Durchfall- oder Hauterkrankungen. Die Symptome der einzelnen Krankheiten müssen nicht alle gleichzeitig auftreten.

Erkältungskrankheiten

Symptome Nasenausfluss, Niesen, verklebte Nasenlöcher, bei Beteiligung der Stirnhöhlen häufig auch Kratzspuren auf der Nase durch vermehrtes Bereiben der Vorderpfoten, bei fortgeschrittener Erkrankung hört das Hörnchen auf zu fressen, zeigt eine verstärkte Atmung und struppiges Fell.

Ursache Infektion mit Bakterien und/oder Viren.

Therapie Erkältungskrankheiten sind bei Hörnchen sehr ernstzunehmende Erkrankungen und stellen immer noch eine der häufigsten Todesursachen dar. Deshalb sollte unbedingt ein Tierarzt aufgesucht werden, der ein Antibiotikum und weitere Medikamente verschreiben kann. Eine Rotlichtlampe, die in eine Ecke des Käfigs strahlt, verschafft Wärme und Linderung.

Vorsorge Durch Stress oder einen Standort des Käfigs in zugiger Umgebung wird das Hörnchen anfälliger für Krankheitserreger. Auch ein ungenügender Schutz vor Kälte schwächt das Immunsystem des Nagers. Sorgen Sie deshalb für optimale Haltungsbedingungen.

Putzt das Hörnchen sich auffällig oft über den Nasenbereich, könnte es eine Erkältung ausbrüten.

Magen-Darm-Infekte

Symptome Durchfall, Gewichtsabnahme, Apathie, aufgeblähter Bauch, Darmkrämpfe.
Ursache Bakterien- oder Darmparasitenbefall.
Therapie Nur Zwieback und Fencheltee zum Trinkwasser geben. Ist nach 24 Stunden keine deutliche Verbesserung zu erkennen oder geht es dem Tier schlecht, sollte der Tierarzt konsultiert werden.
Vorsorge Nur gereinigtes und abgetrocknetes Gemüse und Obst verfüttern. Zusätzlich sollte die Hygiene im Käfig regelmäßig kontrolliert werden. Im Nest eingebunkertes Saftfutter verschimmelt sehr schnell. Ebenso setzen sich Fliegen, die Krankheitserreger übertragen können, gern auf frisches Obst. Futterumstellungen nur langsam vornehmen.

Hauterkrankungen

Symptome Haarlose Stellen, Schuppen, Krusten, Rötung und Verdickung der Haut, evtl. Juckreiz.

Überprüfen Sie immer wieder, ob Ihr Hörnchen irgendwo im Nest Saftfutter gebunkert hat, das verschimmeln könnte.

Ursache Pilz- oder Parasitenbefall (Milben, Flöhe), Verletzungen oder Mangelernährung. Aber auch in der Zeit des Fellwechsels können vorübergehend ungefährliche haarlose Stellen auftreten!
Therapie Diagnose nur durch den Tierarzt!
Achtung Pilze sind auf Menschen übertragbar!
Vorsorge Je nach Ursache ist auch die Vorbeugung eine andere. Generell gilt es aber das Hörnchen ausgewogen zu ernähren und auf regelmäßige Reinigungsarbeiten im Käfig zu achten.

Was tun bei einem Sturz?

Beim Einfangen oder durch einen ungeschickten Sprung kann es passieren, dass das Hörnchen einmal aus großer Höhe abstürzt. Läuft das Tier danach weiter ohne Schmerz- oder Verletzungsanzeichen zu zeigen, hat es vermutlich Glück gehabt. Erscheint das Hörnchen jedoch benommen und apathisch, zeigt sichtbar Schmerzen, Krämpfe oder kann nicht mehr richtig laufen, sollte auf jeden Fall sofort der Tierarzt aufgesucht werden. Vielleicht hat es sich eine Gehirnerschütterung oder Verletzungen an Gliedmaßen oder inneren Organen zugezogen.

Abschied

Manchmal ist ein Streifenhörnchen so stark erkrankt, dass eine Therapie sein Leiden nur verlängert. Ihr Tierarzt wird Ihnen dann nahelegen, den kleinen Racker einschläfern zu lassen.
Es ist immer schwer, sich von einem geliebten Haustier zu trennen. Seien Sie jedoch froh, dass Sie auch am Ende seines Lebens die Verantwortung übernehmen können, dass es friedlich einschläft. Trauern Sie um Ihr Hörnchen, und begraben Sie es im Garten oder an einem ruhigen Plätzchen im Wald. Denken Sie an die vielen schönen Momente, die Sie mit ihm zusammen erlebt haben.

Überblick über weitere **häufige Krankheiten,** die bei Hörnchen vorkommen

ERKRANKUNG	SYMPTOME	WAS TUN?
STEREOTYPIEN	Das Hörnchen wiederholt stundenlang ohne ersichtlichen Grund immer wieder denselben Bewegungsablauf.	Dieses krankhafte Verhalten tritt dann auf, wenn der Käfig zu klein ist und das Tier zu wenig Abwechslung und Anreize in der Umgebung angeboten bekommt. Für optimale Haltungsbedingungen sorgen und die Bewegungsabläufe durch den Einbau von neuen Käfiggegenständen unterbrechen.
ZAHNFEHLSTELLUNG	Schiefes Wachstum der stetig nachwachsenden Schneidezähne. Die Tiere können hartes Futter nicht mehr richtig aufnehmen und magern ab.	Zahnfehlstellungen können angeboren oder durch falsche Fütterung verursacht sein. Der Tierarzt sollte in regelmäßigen Abständen die Zähne schneiden. Häufig ist die Zahnkorrektur ein Leben lang notwendig.
ENTZÜNDUNGEN IN DEN BACKENTASCHEN	Das Hörnchen zeigt wenig Appetit und ein fauliger Geruch kommt aus der Mundhöhle.	Der Tierarzt sollte die Backentaschen reinigen. Täglich muss die Schleimhaut behandelt werden. Bis zur Genesung sollte die Nahrung in Breiform verabreicht werden. Ursache sind häufig zu spitze Futterteile.
AUFGEBLÄHTER BAUCH	Der gesamte Bauchbereich des Tieres erscheint ungewöhnlich stark aufgetrieben, und die Haut steht unter Spannung. Das Tier wirkt apathisch und hat Schmerzen.	Durch plötzliche Futterumstellung oder zu viel Verzehr von Obst und Gemüse kommt es zu starken Gärungsprozessen im Magen-Darm-Bereich. Das Hörnchen sollte ausschließlich Heu und Zwieback angeboten bekommen und dem Tierarzt vorgestellt werden.
TUMOR	Beulen am Körper, die schnell wachsen. Bei großen Tumoren in der Bauchhöhle erscheint der Bauch häufig prall gefülllt.	Nicht warten mit dem Gang zum Tierarzt! Je früher der Knoten wegoperiert wird, desto besser die Prognose für das Tier. Lassen Sie den Turmor auf Gut- oder Bösartigkeit untersuchen.

Nachwuchs in Sicht

Die Vermehrung von Streifenhörnchen sollte stets professionellen Züchtern überlassen werden. Nur durch umfassende Erfahrung in der Hörnchenhaltung sowie Fachkenntnis über Vererbung und Zucht wird gesichert, dass die Nachzuchten genetisch gesund sind und die Aufzucht der Jungtiere ungestört abläuft. Sicherlich sind Streifenhörnchenjunge niedlich anzuschauen, aber wenn erste Probleme auftreten, die Mutter die Jungen beispielsweise nicht annimmt, Erbkrankheiten auftreten oder ein Jungtier erkrankt, ist guter Rat teuer. So weit sollte es also gar nicht erst kommen.

Unverhofft kommt oft?

Erwarten Sie dennoch aus unvorhersehbaren Gründen einmal Streifenhörnchen-Nachwuchs oder möchten Sie gerne rundum informiert sein, so sei Ihnen hier ein kurzer Überblick zu den Themen Paarung und Nachwuchs gegeben:

› Die Paarungszeit der Nager fällt in freier Natur in die Monate März bis Juni. In der Heimtierhaltung zeigen viele Tiere schon sehr viel früher im Jahr erste Brunstanzeichen.
Bei Männchen ist ein Anschwellen der Hoden auf über zwei Zentimeter das sichtbare Zeichen, Weibchen geben schrille Zwitscherlaute von sich, wenn sie in Paarungslaune kommen.

Neugeborene Hörnchenbabys sind völlig hilflos ohne die fürsorgliche Pflege ihrer Mutter.

Doch schon bald ist das Gerangel im Nest um die besten Plätze bei Mama groß.

Ob sich zwei Tiere mögen, lässt sich nie voraussagen. Deshalb machen Züchter oft einen ersten Test, indem sie die beiden ausgewählten Elterntiere in ihren Käfigen nebeneinanderstellen. Aus der Reaktion der Nager lässt sich oft schon gut erkennen, ob sie sich akzeptieren werden oder nicht.

› Männchen sind in der Paarungszeit übrigens die viel umgänglicheren Hörnchen, da sie versuchen, mit ihrem Charme um das Weibchen zu werben und zum Deckakt zu überreden. Die Hörnchendamen sind manchmal ein wenig zickig und beißen auch schon mal zu, wenn ihnen das Paarungszeremoniell zu schnell geht oder sie noch nicht deckbereit sind. Hat das Weibchen den Partner akzeptiert, durchlaufen beide über zwei bis drei Stunden im gemeinsamen Freilauf eine Art Paarungsjagd, in der das Streifenhörnchenweibchen das Männchen stets zu locken versucht und dann aber wieder weiterläuft, bis es sich letztendlich doch vom Männchen mehrmals decken lässt. Dazu stellt es den Schwanz steil nach oben und das Männchen klettert auf seinen Rücken.

› Ist eine Befruchtung erfolgt, hat das Weibchen recht bald kein weiteres Interesse an dem Männchen. Die Tragzeit bei Streifenhörnchen beträgt 29 bis 32 Tage, die durchschnittliche Wurfgröße liegt bei drei bis sechs Jungen. Würfe mit bis zu zehn Babys sind ebenfalls schon vorgekommen.

› Die Geburt der Jungen findet meist während der Nacht statt. Für den Halter ist sie daran zu erkennen, dass die frischgebackene Hörnchenmama fast ununterbrochen im Nest bleibt und das Bäuchlein über Nacht plötzlich schlanker geworden ist. Eine kurze Nestkontrolle sollte nicht vor Ablauf von zwei Wochen erfolgen und selbst dann nur, wenn das Tier sehr zahm ist und das Weibchen sich nicht im Nest aufhält.

Dieses Jungtier ist knapp drei Wochen alt. Schon ist deutlich die Streifung auf dem Rücken zu erkennen. Nur der Schwanz ist noch fast kahl.

Kleine Streifentiere werden groß

Die Jungen sind bei der Geburt blind, taub und nackt. Nicht einmal die Ohrmuscheln sind richtig ausgebildet. Aufgrund ihrer Hilflosigkeit verlassen Jungtiere ihr Nest in den ersten Wochen gar nicht. Nach gut fünf Tagen wird ein feiner Flaum auf der Haut sichtbar und eine leichte Streifung erkennbar. Die Augen öffnen sich frühestens nach 18 Lebenstagen. Mit etwa drei Wochen fängt auch der bislang kahle Schwanz an, buschigere Haare auszubilden. Bis dahin können die Kleinen noch gar nicht richtig laufen und schieben sich eher vorwärts. Bringt die Mutter etwas zu fressen ins Nest, fangen die Jungtiere mit etwa drei Wochen an, erste feste Nahrungsstückchen zu sich zu nehmen. Etwa ab dem 35. Lebenstag werden die kleinen Hörnchen neugieriger und versuchen noch unsicher, ihre erste eigene Erkundungstour zu unternehmen.

Die **halbfett** gesetzten Seitenzahlen verweisen auf Abbildungen, U = Umschlag, UK = Umschlagklappe.

Adressen

› Tierärztliche Vereinigung für Tierschutz e. V. (TVT)
Bramscher Allee 5
D-49565 Bramsche
www.tierschutz-tvt.de

› Deutscher Tierschutzbund e. V.
Baumschulallee 15
D-53115 Bonn
www.tierschutzbund.de

› Kooperation deutscher Tierheilpraktiker-Verbände e. V., Geschäftsstelle, Auenstr. 99, D-27432 Bremervörde, www.kooperation-thp.de

› Bundesverband für fachgerechten Natur- und Artenschutz e. V. (BNA), Ostendstr. 4, D-76707 Hambrücken, www.bna-ev.de

› Institut für Tierschutz und Verhalten, Tierschutzzentrum, Bünteweg 3, D-30559 Hannover, www.tierschutzzentrum.de

› Schweizer Tierschutz (STS), Dornacherstr. 101, CH-4008 Basel, www.tierschutz,com, Beratungsstelle Tel. 0041/61/3659999

› Österreichischer Tierschutzverein, Kohlgasse 16, A-1050 Wien, Tel. 0043/1/8973346, www.tierschutzverein.at

Wichtiger **Hinweis**

› Krankes Streifenhörnchen
Treten bei Ihrem Hörnchen Krankheitsanzeichen auf, gehört es in die Hand des Tierarztes.

› Ansteckungsgefahr **Nur wenige Krankheiten sind auf den Menschen übertragbar. Weisen Sie Ihren Arzt auf Ihren Tierkontakt hin, wenn Sie gebissen wurden.**

› Tierhaarallergie **Manche Menschen reagieren allergisch auf Tierhaare. Wenn Sie sich unsicher sind, fragen Sie vor dem Kauf eines Streifenhörnchens Ihren Hausarzt.**

Fragen zur Haltung beantworten

Ihr Zoofachhändler und der Zentralverband Zoologischer Fachbetriebe Deutschlands e. V. (ZZF)
Tel 0611/44755332 (nur telefonische Auskunft möglich:
Mo 12–16 Uhr, Do 8–12 Uhr)
www.zzf.de

› Bundesarbeitsgruppe Kleinsäuger e. V., Binzer Str. 14, D-04207 Leipzig (nur Fragen zur Haltung möglich!), www.bag-kleinsaeuger.de

Tierarzt

Hier können Sie einen Tierarzt finden, wenn Ihr Streifenhörnchen krank wird:

› Bund praktizierender Tierärzte e. V. (BPT)
www.smile-tierliebe.de

Tierarztpraxen, die mit Naturheilverfahren arbeiten, finden Sie unter:

› Gesellschaft für ganzheitliche Tiermedizin e. V. (GGTM)
Gartenstr. 7, D-79189 Bad Krozingen
www.ggtm.de,
E-Mail: info@ggtm.de

Internetportal für Tiermedizin:

› www.tiermedizin.de

Bücher, die weiterhelfen

› Verhoef-Verhallen, E. J. J.: Kaninchen & Nagetiere, Enzyklopädie. Naumann & Göbel, Köln

› Ludwig, C.: Kinder brauchen Tiere. VGS Verlagsgesellschaft, Köln

› Baumgart, L./Hand, M.: Bach-Blüten für Tiere. Oertel + Spörer Verlag, Reutlingen

Zeitschriften

› Ein Herz für Tiere. Gong Verlag, Ismaning

› Rodentia. Natur und Tier Verlag GmbH, Münster, www.ms-verlag.de

Streifenhörnchen im Internet

Tipps und Informationen von Streifenhörnchenliebhabern, Beratung bei Problemen sowie Diskussionsforen mit anderen Hörnchen-Freunden finden Sie auf folgenden Internetseiten:

› **www.burunduk.de**
› **www.hoernchenvilla.de**
› **www.unserstreifenhoernchen.de**
› **www.gestreift.info**
› **www.streifenhoernchen-butzek.de**
› **www.tiervermittlung.de**

Dank

Autorin und Verlag danken Frau Helga Schöning vom Herforder Schulzoo für ihre Unterstützung und die Bereitstellung von Fotos.

Freude am Tier

Die neuen Tierratgeber – da steckt mehr drin

ISBN 978-3-8338-0870-8
64 Seiten

ISBN 978-3-8338-0521-9
64 Seiten

ISBN 978-3-8338-1196-8
64 Seiten

Preis je Band: 7,90 €

ISBN 978-3-8338-0595-0
64 Seiten

ISBN 978-3-8338-0868-5
64 Seiten

ISBN 978-3-8338-0583-7
64 Seiten

Änderungen und Irrtum vorbehalten.

Das macht sie so besonders:

Praxiswissen kompakt – vermittelt von GU-Tierexperten

Praktische Klappen – alle Infos auf einen Blick

Die 10 GU-Erfolgstipps – so fühlt sich Ihr Tier wohl

GU

Willkommen im Leben.

Unsere Garantie

Alle Informationen in diesem Ratgeber sind sorgfältig und gewissenhaft geprüft. Sollte dennoch einmal ein Fehler enthalten sein, schicken Sie uns das Buch mit dem entsprechenden Hinweis an unseren Leserservice zurück. Wir tauschen Ihnen den GU-Ratgeber gegen einen anderen zum gleichen oder ähnlichen Thema um.

Liebe Leserin und lieber Leser,

wir freuen uns, dass Sie sich für ein GU-Buch entschieden haben. Mit Ihrem Kauf setzen Sie auf die Qualität, Kompetenz und Aktualität unserer Ratgeber. Dafür sagen wir Danke! Wir wollen als führender Ratgeberverlag noch besser werden. Daher ist uns Ihre Meinung wichtig. Bitte senden Sie uns Ihre Anregungen, Ihre Kritik oder Ihr Lob zu unseren Büchern. Haben Sie Fragen oder benötigen Sie weiteren Rat zum Thema? Wir freuen uns auf Ihre Nachricht!

Wir sind für Sie da!
Montag – Donnerstag: 8.00 – 18.00 Uhr;
Freitag: 8.00 – 16.00 Uhr
Tel.: 0180 - 5 00 50 54*
Fax: 0180 - 5 01 20 54*
E-Mail:
leserservice@graefe-und-unzer.de

*(0,14 €/Min. aus dem dt. Festnetz/ Mobilfunkpreise können abweichen.)

P.S.: Wollen Sie noch mehr Aktuelles von GU wissen, dann abonnieren Sie doch unseren kostenlosen GU-Online-Newsletter und/oder unsere kostenlosen Kundenmagazine.

GRÄFE UND UNZER VERLAG
Leserservice
Postfach 86 03 13
81630 München

Programmleitung: Christof Klocker
Leitende Redaktion: Anita Zellner
Redaktion: Nadja Harzdorf
Lektorat: Christa Klus-Neufanger
Bildredaktion: Natascha Klebl
Umschlaggestaltung und Layout: independent Medien-Design, München
Herstellung: Elisabeth Märtz
Satz: Uhl + Massopust, Aalen
Reproduktion: Longo AG, Bozen
Druck: Firmengruppe APPL, aprinta druck, Wemding
Bindung: Firmengruppe APPL, sellier druck, Freising

Printed in Germany

ISBN 978-3-8338-0183-9

1. Auflage 2008

GRÄFE UND UNZER

Ein Unternehmen der
GANSKE VERLAGSGRUPPE

Die Autorin

Alexandra Beißwenger beschäftigt sich seit frühester Kindheit intensiv mit Kleintieren. Sie ist Tierärztin und arbeitet regelmäßig in verschiedenen Tierarztpraxen. Ihr Spezialgebiet ist die Haltung, Diagnostik und Therapie von Nagetieren. Sie verfasst Fachartikel und ist Autorin der GU-Tierratgeber »Degus« und »Mäuse«.

Der Fotograf

Oliver Giel hat sich auf Natur- und Tierfotografie spezialisiert und betreut mit seiner Lebensgefährtin Eva Scherer Bildproduktionen für Bücher, Zeitschriften, Kalender und Werbung. Mehr über sein Fotostudio: www.tierfotograf.com.

Alle Fotos in diesem Buch stammen von Oliver Giel mit Ausnahme von: Juniors: S. 7-1, 21-2; Okapia: S. 13-2; Helga Schöning: Autorenfoto, S. 20-2, 21-1; Blickwinkel: S. 21-3; Agentur Focus/Tom Mc Hugh: S. 58-1, 58-2.